"十三五"普通高等教育本科部委级规划教材

模特心理学

MODEL PSYCHOLOGY

李玮琦　宋　松　高　洁 | 编著

中国纺织出版社

内 容 提 要

本书为"十三五"普通高等教育本科部委级规划教材。

随着社会的发展与进步，心理学的研究范畴越来越广泛，门类越来越多。据统计，目前心理学已经有超过一百多个分支，分别研究不同领域的心理现象，探讨该领域中人们的心理活动规律。中国模特行业及高校服装表演专业起步较晚，目前还没有形成专门针对模特心理研究的学科。本教材在依据心理学基本理论的前提下，参照艺术心理学、表演心理学、发展心理学、教育心理学的理论研究，提出适合模特心理教育和指导的方法。

模特行业有着不同于其他行业的特殊性，我们要在模特的培养中重视心理健康教育，加强模特的人生观、价值观教育，从根本上促进和发展模特的心理健康，使之更好地适应社会环境和压力，以更加积极的方式去应对生活及职业发展中的各种挑战，最大限度地发挥自己的表演才能。

增进心理健康是模特适应竞争和生存发展的必要条件，希望行业中的职业模特及高校服装表演专业的学生能从中得到一些启示，通过学习掌握调控自己心理的方法，并将之运用到表演实践中。

高校成立服装表演专业，旨在于培养受高等教育的职业模特，基于此，本书中"模特"一称将涵盖职业模特和高校服装表演专业学生。

图书在版编目（CIP）数据

模特心理学 / 李玮琦,宋松,高洁编著 .-- 北京：中国纺织出版社，2018.11 （2023.7重印）

"十三五"普通高等教育本科部委级规划教材

ISBN 978-7-5180-5454-1

Ⅰ.①模… Ⅱ.①李… ②宋… ③高… Ⅲ.①时装模特—心理学—高等学校—教材 Ⅳ.① TS942.5 ② B84

中国版本图书馆 CIP 数据核字（2018）第 227673 号

策划编辑：魏 萌　　责任编辑：谢冰雁
责任校对：寇晨晨　　责任印制：王艳丽

中国纺织出版社出版发行

地址：北京市朝阳区百子湾东里 A407 号楼　邮政编码：100124

销售电话：010—67004422　　传真：010—87155801

http: //www.c-textilep.com

E-mail: faxing@c-textilep.com

中国纺织出版社天猫旗舰店

官方微博 http://weibo.com / 2119887771

北京虎彩文化传播有限公司印刷　各地新华书店经销

2018 年 11 月第 1 版　　2023 年 7 月第 3 次印刷

开本：787×1092　1/16　印张：10.5

字数：196 千字　定价：42.00 元

前　言

近年来随着中国经济、文化的不断提高，中国模特行业的发展也突飞猛进。行业的迅猛发展带动了模特从业人员队伍的日益壮大，同时也导致了模特从业压力和竞争不断提高。模特经济市场具有迅速变化性及复杂性等特点，要求模特要具备稳定的心理状态以及应对环境变化的综合能力等。由于生长环境、个人经历以及所接受文化教育程度的不同，模特在自身的发展过程中，形成不同的性格特征。性格特征的差异也导致了模特在职业环境中外在表现形态的不同，在这些不同的表现形态中，存在许多制约模特发展的共同的心理特点，研究这些心理特点并掌握相应的调节方法，对于提高模特心理机能具有十分重要的意义。

模特心理学通过对心理认知、情感、意志过程以及人格等内容的学习来认识客观事物的特征与规律，目的在于使模特掌握这些知识和方法的基础上，通过实践塑造良好的综合心理素质，形成健康积极的心理状态，最终实现在舞台上的完美体现。

本书还阐述了模特在职业生涯中可能产生的各种心理问题，以及这些问题对于模特所造成的不良影响。结合心理学理论，对这些问题进行深入剖析，同时给予正确的指导方法，帮助模特认清自我，明确自身目标，选取合理方式，努力加强自身修养及素质，从而完成自我价值的实现，进而取得成功。

本书编写分工：李玮琦负责全文撰写，宋松、高洁负责资料收集整理。全书由李玮琦负责整体构思和统稿。

由于编写时间局限，书中难免有疏漏和不足之处，恳请各位专家、读者批评指正并提出宝贵建议。

李玮琦

2018 年 4 月

教学内容及课时安排

章 / 课时	课程性质 / 课时	节	课程内容
第一章 / 2	心理学基础 / 6	●	绪论
		一	心理学的概念及分类
		二	心理学的研究方法和原则
		三	学习心理学的意义
第二章 / 2		●	心理的产生过程
		一	认知过程
		二	情绪、情感过程
		三	意志过程
第三章 / 2		●	人格
		一	人格概述
		二	人格倾向性
第四章 / 2	艺术与表演心理学 / 4	●	艺术心理学
		一	艺术心理要素
		二	艺术审美心理
		三	艺术创作心理
第五章 / 2		●	心理学在表演中的应用
		一	舞台表演类别
		二	演员与心理学
第六章 / 10	模特与心理学 / 34	●	模特表演心理
		一	服装表演的感知过程
		二	模特的肢体语言
		三	模特的气质
		四	想象力的作用
第七章 / 2		●	模特的人格塑造
		一	模特人格塑造的意义及原则
		二	人格特质分类及健全人格界定
		三	如何塑造模特人格

章 / 课时	课程性质 / 课时	节	课程内容
第八章 / 2		●	模特的心理素质
		一	什么是心理素质
		二	心理素质的构成因素、特点及影响因素
		三	模特提高心理素质的意义
		四	模特提高心理素质的方法
第九章 / 8		●	模特心理训练
		一	拥有良好的意志
		二	树立职业发展的自信
		三	培养乐观的心态
		四	正确理解竞争与合作
		五	学会宽容
		六	学会谦虚
		七	学会感恩
		八	学会冷静处理问题
	模特与心理学 / 34	九	内心充满爱
第十章 / 12		●	建立健康的心理
		一	正确进行自我评价
		二	缓解心理压力
		三	解决怯场问题
		四	如何对抗挫折
		五	消除自卑心理
		六	消除嫉妒心理
		七	如何管理情绪
		八	克服依赖心理
		九	摆脱孤独心理
		十	战胜虚荣心理
		十一	赶走羞怯心理
		十二	纠正自私心理
		十三	调整焦虑心理

注　各院校可根据自身的教学特点和教学计划对课程时数进行调整。

目　录

心理学基础

艺术与表演心理学

模特与心理学

心理学基础

绪论

课题名称： 绪论

课题内容： 1.心理学的概念及分类

2.心理学的研究方法和原则

3.学习心理学的意义

课题时间： 2课时

教学目的： 掌握心理学基本理论，包括心理学的概念、分类、研究方法及学习的意义

教学方式： 理论讲解

教学要求： 重点掌握学习心理学的意义

课前准备： 提前阅读普通心理学，掌握基本概念和心理学分类

第一章　绪论

第一节　心理学的概念及分类

心理学是一门研究人类心理现象及其影响下的精神功能和行为活动的科学，兼具理论性和实践性。心理学一方面研究个体行为与心理机能；另一方面，也研究个体心理机能在社会行为与社会动力中的作用。很多人文和自然学科都与心理学有关，人类心理活动其本身与人类生存环境密不可分。心理学研究涉及知觉、认知、情绪、思维、人格、行为习惯、人际关系、社会关系等许多领域。

心理学按照理论与实践性质进行划分，可分为理论心理学和应用心理学。两者有机联系、相互融合、相互促进。

理论心理学是研究心理现象、探讨心理科学基本原理的一门学科，致力于发现一般心理现象及规律，研究各种心理现象之间以及心理现象与现实之间相互联系的规律，可以解释人的行为和心理活动，并指导心理学各分支学科的研究，它关注心理现象的本质和过程，追求科学的理论和预期的指导力量。理论心理学又分为基础心理学和发展与教育心理学。其中基础心理学包括的门类有：人格心理学、生理心理学、实验心理学、发展心理学、认知心理学、心理测量、统计心理学、心灵哲学等。发展与教育心理学包括的门类有：教育心理学、教育社会心理学、学科教育心理学、发展心理语言学、发展心理生物学、发展心理病理学等。

应用心理学致力于将心理原理、方法和知识应用于实践，研究心理学基本原理在各种实际领域的应用。应用心理学是出于人们在工作及生活方面的需要，在心理学中迅速发展的一个重要学科分支。随着经济、科技、社会和文化迅速发展，应用心理学的研究也在逐渐扩展。目前应用心理学包括的门类有：社会心理学、工业心理学、临床心理学、咨询心理学、爱情心理学、法律类心理学、经济类心理学、环境心理学等。

一、理论心理学

（一）基础心理学

1. 人格心理学　人格心理学研究一个人所特有的行为模式。"人格"包括性格、信念、自我观念等。人格的组成特征因人而异，每个人都有其独特性，这种独特性致使不同的人面对同一情况可能有不同反应。

2. 生理心理学　生理心理学是研究心理现象和行为产生的生理过程的心理学分支，探讨的是心理活动的生理基础和大脑的机制。它的研究包括脑与行为的演化；脑的发展与行为的关系；认知、运动控制、动机行为、情绪和精神障碍等心理现象和行为的神经过程和神经机制。对心理活动生理基础的研究在近几十年发展迅速。以脑内的生理事件来解释心理现象，又称生物心理学、心理生物学或行为神经科学。

3. 实验心理学　实验心理学是在实验室控制条件下进行研究工作的心理学。广义的实验心理学是相对于人文取向的心理学体系，也称科学心理学。狭义上来说，实验心理学是研究心理实验的基本理论、基本技术，并介绍心理学各分支领域中实验研究成果的科学。

4. 发展心理学　发展心理学是研究心理的发生、发展过程和规律的心理学分支学科。广义的发展心理学包括动物心理学（比较心理学）、民族心理学、个体发展心理学。狭义的发展心理学指个体发展心理学，即研究一个人从出生到衰老各个时期的心理现象，按年龄阶段又可分为儿童心理学、青年心理学、成年心理学、老年心理学等分支。

5. 认知心理学　认知心理学是作为人类行为基础的心理机制，其核心是输入和输出之间发生的内部心理过程，研究人的高级心理过程，主要是认知过程，如记忆、注意、感知、知识表征、推理、创造力及问题解决的运作等。认知心理学是一门研究认知及行为背后的心智处理（包括思维、决定、推理和一些动机、情感的程度）的心理科学。

6. 心理测量　心理测量是指依据一定的心理学理论，使用一定的操作程序，给人的能力、人格及心理健康等心理特性和行为确定出一种数量化的价值。心理测量不仅包括以心理测验为工具的测量，也包括用观察法、访谈法、问卷法、实验法、心理物理法等方法进行的测量。

7. 统计心理学　统计心理学是与数学关系最密切的一门学科，主要分为描述统计和推断统计。

8. 心灵哲学　心灵哲学是指心灵与人们身体的关系。任何事物都有物理的部分，它们涉及生物学、心理学、社会学、计算机科技等其他领域，但这些内容都与心灵有一定的联系性。

（二）发展与教育心理学

1. 教育心理学　教育心理学是研究教育和教学过程中，教育者和受教育者心理活动现象及其产生和变化规律的心理学分支，是一门介于教育科学和心理科学之间的边缘学科。教育随着社会的发展而发展，为适应教育发展的需要，教育心理学的任务不断增加，研究对象的范围逐渐扩充。在发展初期，教育心理学偏重于学习心理的研究和学习规律的讨论，并且大多集中于智育方面的问题。随着教育对人的全面发展的日益重视，也就越来越重视道德行为、道德情感以及审美情感的培养了。

2. **教育社会心理学** 教育社会心理学是社会心理学的一个分支，是侧重于研究教育情境中的社会心理现象及其活动规律的学科。其研究内容是教育和教学过程中的种种心理现象及其变化，揭示在教育、教学的影响下，受教育者掌握知识和技能、发展智力和个性的心理规律，以及研究形成道德品质的心理发展与社会发展之间的相互关系等。

3. **学科教育心理学** 学科教育心理学研究学生在学习掌握各门学科过程中的心理特点和规律，以及学科内容、教学方法与学生心理发展相互关系的教育心理学分支。教学过程的成效取决于教师对教材教法的选择以及对学生身体、智力、情绪、精神生活成熟过程的了解，并施以有利的影响，旨在造就不仅能适应社会，而且能改造社会的人。

4. **发展心理语言学** 发展心理语言学是研究语言活动中的心理过程的学科，它涉及人类个体如何掌握和运用语言系统，如何在实际交往中使语言系统发挥作用，以及为了掌握和运用这个系统应具有什么知识和能力。除心理学和语言学外，它还与许多学科有密切关系，包括信息论、人类学等。心理语言学研究既包括言语的知觉和理解，言语的产生和获得等，还包括各种言语缺陷，言语和思维以及言语和情绪、个性的关系等。这些问题的解决对学习理论、思维理论等方面的研究都会起很大的作用。

5. **发展心理生物学** 发展心理生物学研究对象主要是心理现象的生理机制，也可以说是研究在人大脑中产生心理活动的物质过程。研究主要集中在神经系统的有关结构和功能，内分泌系统的作用，感知、思维、情感、记忆、学习、睡眠、本能、动机等心理活动和行为的生理机制等方面。

6. **发展心理病理学** 发展心理病理学是一门要求结合个体身体成长和发育以及心理社会性发展来探讨异常心理现象的科学。这门学科可以帮助人们深刻认识心理障碍的本质，动态地了解儿童、青少年心理障碍的发展变化过程，理清心理障碍同个体心身和社会发展之间的关系。

二、应用心理学

（一）社会心理学

社会心理学是研究个体和群体的社会心理现象的心理学分支。个体社会心理现象指受他人和群体制约的个人的思想、感情和行为，如人际知觉、人际吸引、社会促进和社会抑制等。社会心理学是一门边缘学科，受来自心理学和社会学两个学科的影响。

（二）工业心理学

工业心理学也称组织行为学，包括管理心理学、劳动心理学、领导心理学、人事心理学、消费者心理学等，是应用于工业领域的心理学分支。它主要研究工作中人的行为规律及其心理学基础。例如管理心理学主要研究管理活动中的心理活动规律，以组织中的人作为特定研究对象，研究如何提高效率、调动人们的积极性等；劳动心理学则研究工作规划、工作方法合理化等。

（三）临床心理学

临床心理学是应用心理学的重要分支，是根据心理学原理、知识和技术解决人们心理问题的应用心理学科。注重对人类个体能力和特点的测量、评估，并根据所收集到的资料对个体进行分析。

（四）咨询心理学

咨询心理学是研究心理咨询的过程、原则、技巧和方法的心理学分支，具有明显的实用性和多学科交叉性，不仅与教育心理学、社会心理学、发展心理学和医学心理学关系密切，而且与教育学、社会学、文化人类学、医学相互交叉。咨询心理学的目的是帮助适应不良或有心理困扰的人调适和解除心理困惑，重建积极的人生。它为解决人们在学习、工作、生活、保健和防治疾病方面出现的心理问题提供有关的理论指导和实践依据，使人们的认识、情感、态度与行为有所改变，以达到增进身心健康，更好地适应社会、环境与家庭的目的。

（五）爱情心理学

爱情心理学是研究男女恋爱中的心理现象及其发生与发展规律的科学，即探讨男女在恋爱、婚姻中，爱情的获得及稳固的心理规律，包括恋爱心理和婚姻心理两部分。

（六）法律类心理学

法律类心理学包括犯罪心理学、法律心理学、刑事司法心理学、罪犯心理矫治、测谎心理学等。

（七）经济类心理学

经济类心理学是指与经济结合的心理学研究部分，如行为经济学、神经经济学等。行为经济学将行为分析理论与经济运行规律、心理学与经济科学有机结合；神经经济学则是运用神经科学技术来确定与经济决策相关的神经机制。

（八）环境心理学

环境心理学又称人类生态学或生态心理学，是研究环境与人的心理、行为之间关系的一个应用社会心理学领域。这里所说的环境主要是指物理环境，包括噪声、人群拥挤、空气质量、温度、建筑设计、个人空间等。

第二节 心理学的研究方法和原则

一、心理学的研究方法

心理学是伴随着研究方法的进步而进步的。在我国，指导心理学研究的是辩证唯物论和历史唯物论。心理学之所以成为一门独立的学科，能够从哲学思辨的范畴中脱离出来，得益于其研究方法的发展。

心理学研究方法有很多种，根据研究的目的、性质和研究对象的特点，在具体研究过程中，可以采用的方法主要有观察法、实验法、调查法和测验法。

（一）观察法

观察法是心理学研究的基本方法之一。观察法是对被观察者行为的直接了解，是在自然情境中或预先设置的情境中，系统地观察记录并分析人的行为，以获得其心理活动产生和发展规律的方法。同时它也会有目的、有计划地观察和记录人在活动中表现的心理特点，以科学的方法解释行为产生的原因。研究者根据不同的研究目的和不同的情况，往往采取不同的观察方法。

（二）实验法

实验法是按研究目的去控制或者创造条件，是人为地使被测试者产生所要研究的某种心理现象，然后进行分析研究，以得出心理现象发生的原因或起作用的规律性结果。实验法在科学研究中的应用最广泛，也是心理学研究的主要方法。

（三）调查法

调查法是从某一总体中按照一定的规则抽取一定的样本，通过对样本的研究来推论总体情况。调查法是以提出问题的形式收集研究对象的各种有关资料，以此来分析、推测群体心理倾向。实施时虽然是以个体为对象，但其目的是借助许多个体的反映来分析和推测社会群体的整体心理趋向，确定人们对有关事物、社会现象的态度和意见，从而对人们可能做出的决策或行为做出预测。调查法又分为问卷法和访谈法。

（四）测验法

测验法是用标准量化研究个体心理特征和行为表现的主要工具，通常用来确定被测试者的某些心理品质的存在水平，应用范围很广。

以上四种研究方法各有其特点，但也都存有一定的不足。由于人的心理活动非常复杂多变，因此研究人的心理现象不能仅凭某一种方法，应根据研究的实际需要，运用多种方法，使之起到互相补充的作用。

二、心理学的研究原则

（一）客观性与科学性原则

该原则是指研究者本着实事求是的精神与态度，坚持客观标准，不带主观偏见，不做主观臆测，采用科学的研究方法反映事物，如实地对心理现象进行观察、分析和解释，揭示心理发生、发展与变化的规律。在一定科学理论的指导下探究事物的原则。

（二）理论与现实相结合的原则

研究者必须认识理论与实践的相互作用，理论指导实践，而实践检验理论正确与否。实践是理论的源泉，是理论发展的动力。所以在心理学研究中必须坚持理论联系实际、理论与实践紧密结合的原则。

（三）伦理性原则

在心理学研究中应坚持伦理和道德原则，研究过程中切勿采用欺骗，不负责任的手段，也禁止进行不道德的治疗等，任何可能对研究对象造成伤害的研究都必须严格禁止。

（四）系统性原则

就是从系统论的观点出发，把各种心理现象放在整体性的、动态的和相互联系的系统形式中进行考察与研究，反对片面地、孤立地看待问题。

（五）发展性原则

研究者需将心理现象视为一种发展变化过程来加以研究，必须注意个体在不同年龄阶段相应的心理变化以及外在环境对心理发展与变化的影响。

（六）教育性原则

心理学研究要有利于教育目的的实现，有利于个体的身心健康。

（七）有效性原则

研究者所进行的研究应有明确的研究目的，而且必须具有可行性，并能为日后的心理学教育和促进人的身心发展服务。

第三节　学习心理学的意义

心理学研究心理活动产生和发展变化的规律。在理论上，心理学能正确描述和解释人的心理现象本质，哲学与其他学科的理论意义，人生观、价值观、世界观意义。在实践中，心理学可以描述心理现象，解释与揭示心理规律，预测心理与行为的发展趋势，有效地控制与调控人的心理与行为，有助于人的心理健康问题的诊断、咨询与治疗。

随着现代社会的发展，人的精神生活将越来越重要，但心理问题也会越来越多，所以心理的学习亦将越来越重要。人的心理现象是时刻都在产生着的，在一切活动中都会有心理现象。心理现象多种多样，它们之间的关系非常复杂。人的心理是有规律的，学习心理学有利于人们加强自我修养，能够帮助认清自我，自觉控制自己，更好、更完善地了解和处理心理问题，正确对待外界影响，使心理保持平衡协调。心理学的意义主要体现在以下几个方面。

一、认识自我并实现自我价值

学习心理学可以加深人们对自身的了解，可以知道为什么会产生某些行为，这些行为背后究竟隐藏着怎样的心理活动，以及自己的个性、性格等特征又是如何形成的。心理学的学习对于自我教育很重要，掌握心理学知识，可以很好地进行自我剖析和自我调节，不会轻易陷入心理困惑。能使人正确地评价自身个性品质的长处和不足，并正确而自觉地去努力发展积极的品质，消除消极的品质。学习心理学，能开阔人的视野，丰富人的思想和观点，帮助实现自我价值。

二、调整和控制行为

心理学除了能向我们指出心理活动产生和发展变化的规律，还有助于对心理现象和行为做出描述性解释。人的心理特征具有相当的稳定性，但同时也具有一定的可塑性。因此，我们可以在一定范围内对自身和他人的行为进行预测和调整，也可以通过改变内在和外在的因素实现对行为的调控，引发自己和他人的积极行为。当出现一些不良的心理品质和行为时，可以运用心理学规律找到诱发因素，积极地创造条件改变这些因素的影响，实现对自身或他人行为的改造。

三、应用在实际工作和生活中

学习心理学，能开阔人的视野，丰富人的思想和观点。在工作和生活中，一个人难免会碰到各种心理难题和心理困惑。学习心理学，能很好地进行自我分析和自我调节，防止陷入心理困惑。心理学分为理论研究与应用研究两大部分，理论心理学的知识大部分是以间接方式指导着我们，而应用研究则可以在实际工作中直接起作用。例如，教师可以利用教育心理学的规律改进教学方法；服装设计人员可以根据心理学的知识设计服装、陈设产品；服务人员掌握心理知识，可以更好地服务他人，以吸引更多的顾客。心理知识的普及还可以预防许多心理问题的发生，有助于发掘个人潜能，提升才干，最大限度地提高生活质量和事业成功的概率。

四、提高个体适应力、促进人际关系

现代社会的复杂变化、快节奏及高压力，需要每一个人都具有良好的适应能力。心理学的学习可以帮助个体在现实环境的变化中形成良好的适应能力。同样，心理学也可以运用到人际交往中，通过对他人的行为推断其内在的心理活动，从而实现准确的认知。每个人生活在社会中，都要善于与人友好相处，建立良好的人际关系。人的交往活动能反映人的心理健康状态，人与人之间正常的、友好的交往不仅是维持心理健康的必备条件，也是获得心理健康的重要方法。

五、维护心理健康

心理学研究有助于促进人的心理健康，进而提高人的生活质量。个体在人生的每一个阶段、每一种历险和跨越都需要心理知识的指引。在当代社会，激烈的竞争和沉重的生存压力使心理问题日益成为阻碍人们健康的重要问题，然而，迄今为止，大多数人都还没有把心理与健康联系在一起。世界卫生组织给健康下的定义是："身体上、精神上的完满状态，以及良好的社会适应能力和道德健康。"心理健康的标志就是一个人的生理、心理与社会处于相互协调的状态，能够正确认识自我，自觉控制自己正确对待外界，情绪稳定愉快，机体中枢神经系统处于相对的平衡状态，其行为受意识的支配，思想与行为是协调统一的。心理健康可以使个体的多方面协同发展，使心理的结构呈优化趋势。当一个人的内心变得强大而又坚毅时，那么任何困难都能够克服。

思考与练习

1. 简述心理学的概念。
2. 心理学的研究方法有哪些？
3. 心理学应遵循的原则有哪些？
4. 简述学习心理学的意义。

心理学基础

心理的产生过程

课题名称： 心理的产生过程

课题内容： 1.认知过程

2.情绪、情感过程

3.意志过程

课题时间： 2课时

教学目的： 学习并了解心理的产生以及发展过程

教学方式： 理论讲解

教学要求： 结合实例讲解

课前准备： 提前预习普通心理学

第二章　心理的产生过程

第一节　认知过程

人类从出生开始逐步了解和掌握有关周围世界的知识，并逐渐地适应环境，这是一个认知过程，具体包括注意、感知觉、记忆、想象以及思维，连同构成认知活动基础的智力，它们究竟是如何发展的？发展的动因又有哪些？这些都是认知发展研究所要回答的问题。

一、注意的概述

（一）什么是注意

注意是心理活动对一定对象的指向和集中。注意的对象既可以是外部客观世界中的事物或现象，也可以是内部的行为或观念。注意的指向性是指在众多事物中只挑选某些特定对象进行反映，而不管其他事物。注意的集中性是指心理活动停留在特定对象上的紧张度和强度。

（二）注意的种类

人对事物的注意，有时是自然而然地发生的，不需要任何意志努力的；有时是有目的的，需要一定意志努力的。根据引起、维持注意时有无目的性和意志努力程度的不同，可以把注意分为无意注意、有意注意和有意后注意三种。

1. **无意注意**　无意注意也称不随意注意，它是一种没有预定目的，也不需要意志努力的注意。例如，一群人正在开会，忽然有人推门进来，大家会不由自主地转过头去看，这就是无意注意。

2. **有意注意**　有意注意也称随意注意，它是有预定目的、必要时还需一定意志努力的注意。例如，一个学生正在写作业，这时旁边有人在谈论一个突发事件，若他被吸引去听人家讲述，这是无意注意。当他突然的意识到学习必须专心致志，就控制自己不听别人的谈话，聚精会神地写作业，这种服从于预定目的，而且经过一定意志努力的注意，称有意注意。有意注意是受意识调节和支配的。

3. **有意后注意**　有意后注意又称随意后注意或继有意注意。它是有预定目的但不需要意志努力的注意。有意后注意是在有意注意之后产生的。例如，一个人在开始做某种工作时，由于对它不熟悉，困难很大，用的精力也较多，往往需要一定的意志努力才能把自己的注意保持在这种工作上，这是有意注意。经过一段时间的努力，他对所从事的工作已能应付自如，就不需要意志努力继续保持注意，从而使有意注意发展为有意后注意。有意后注意兼有无意注意和有意注意的特点，但和无意注意、有意注意又有区别。它不同于无意注意之处在于：有意后注意有预定的目的。它不同于有意注意之处在于：有意后注意的保持不需要意志努力。因此，有意后注意是一种更为高级的注意形态。如果在我们的工作、学习活动中，力求将有意注意发展成为有意后注意，那将使我们以极少的精力取得很大的成效。

二、感觉与知觉的概述

（一）感觉

1. **什么是感觉**　感觉是人脑对直接作用于感觉器官的客观事物的个别属性的反映。客观事物往往具有诸如颜色、形状、温度、声音、气味等多种属性，当其中某种个别属性作用于人的相应的感觉器官时，人脑中就会产生相应的主观映像，这就是感觉。

感觉是一种最简单的、低级的心理现象。通过感觉，我们只能知道事物的个别属性，还不知道事物的意义，然而一切较高级的、较复杂的心理现象都是在感觉的基础上产生的，感觉是人认识客观世界的开端，是知识的源泉。对于每一个正常的人来讲，没有感觉的生活是不可忍受的。

2. **感觉的种类**　人们常常根据感觉器官的不同而相应地对感觉进行分类。感觉器官按其所在身体部位的不同而分成三大类，即外部感觉器官、内部感觉器官和本体感觉器官。

（1）外部感觉器官：外部感觉器官位于身体的表面（外感受器），对各种外部事物的属性和情况做出反应。由外部感觉器官产生的感觉有视觉、听觉、肤觉（触压觉、温度觉等）、味觉和嗅觉。视觉是将光作用于视觉器官，使其感受细胞兴奋，然后信息经视觉神经系统加工后产生的。人通过视觉感知外界物体的大小、明暗、颜色、动静，获得对机体生存具有重要意义的各种信息，至少有80%以上的外界信息经视觉获得，视觉是人最重要的感觉。听觉是指声波作用于听觉器官，使其感受细胞兴奋并引起听神经的冲动发放传入信息，经各级听觉中枢分析后引起的感觉。听觉适应所需时间很短，恢复也很快。肤觉是皮肤受到刺激而产生的多种感觉。皮肤感觉按照其性质可分为：触觉、压觉和振动觉，温度觉和冷觉，痛觉和痒觉。大脑皮层中央后回是皮肤感觉的主要代表区。味觉的感觉器是味蕾，分布于口腔黏膜内，主要分布于舌的表面，特别是舌尖和舌的两侧。嗅觉的外周感受器就是位于鼻腔最上端的嗅上皮里的嗅细胞。

（2）内部感觉器官：内部感觉器官位于身体内脏器官中（内感受器），对身体各内脏的情况变化做出反应。由内部感觉器官产生的感觉有机体觉和痛觉。机体觉是机体内部器官受到刺激而产生的感觉，又称内脏感觉，其属于第六感觉范畴。当各种内脏器官工作正常时，各种感觉融合为一种感觉，被称为自我感觉。痛觉的感受器遍及全身，痛觉能反映关于身体各部分受到的损害或产生病变的情况。

（3）本体感觉器官：本体感觉器官则处于肌肉、肌腱和关节中，对整个身体或各部分的运动和平衡情况做出反应。由本体感觉器官产生的感觉有运动觉和平衡觉。运动觉是最基本的感觉之一，它为我们提供有关身体运动的情报。平衡觉是由人体位置的变化和运动速度的变化所引起的。人体在进行直线运动或旋转运动时，其速度的加快或减慢就会引起前庭器官中的感受器的兴奋而产生平衡觉。

（二）知觉

1. **什么是知觉**　知觉与感觉一样，也是人对作用于感觉器官的客观事物的直接反映，但不是对事物个别属性的反映，而是对事物各种属性、各个部分的整体反映。通过感觉，我们只知道事物的属性；通过知觉，我们才对事物有一个完整的印象，从而知道它的意义和属性。知觉作为事物的综合、整体反映，一方面是由于事物的各种属性与各组成部分在客观上就是相互联系着作用于感觉器官的；另一方面在很大程度上依赖于人的知识、经验。

2. **知觉的种类**

（1）根据知觉过程分类：知觉是多种感官联合活动的结果，在多种感官的联合活动中，总有一种或两种感官的活动起主导作用。根据知觉过程中起主导作用的感官活动，可以把知觉分为视知觉、听知觉、味知觉、嗅知觉、触知觉等。

（2）根据知觉对象的不同分类：根据知觉对象的不同，可以把知觉分为物体知觉和社会知觉。

物体知觉是人对客观事物属性的知觉。它包括空间知觉、时间知觉和运动知觉。空间知觉是反映物体的形状、大小、深度、方位等空间特性的知觉；时间知觉是反映客观现象的持续性、速度和顺序性的知觉；运动知觉是反映物体的空间位移和位移快慢的知觉。

社会知觉是指对人的知觉，它包括对他人的知觉、人际的知觉和自我知觉三部分。对他人的知觉是指通过一个人的外表、语言和行动来认识这个人的心理特点和品质，即"听其言、观其行而知其人"；人际知觉是指对人与人之间关系的知觉，这类知觉有明显的感情成分参与；自我知觉则是指通过对自己言行的观察来认识自己。

（3）根据知觉映像分类：根据知觉映像是否符合客观实际，可以把知觉分为正确的知觉和错误的知觉（即错觉）两类。正确的知觉是指符合客观实际，正确地反映了事物本来面目的知觉。错觉则是指人脑对客观事物的一种歪曲的、错误的知觉。错觉的种类很多，几乎在各种知觉中都有错觉发生，如视觉错觉、声音定位错觉、时间错觉、方位错觉、运动错觉和对人的错觉等，其中表现最为明显的是视觉错觉。一般情况下，在对事物进行大小、高低、胖瘦的估计时，往往由于环境的影响而发生知觉错误。错觉不同于幻觉，错觉是在外界事物作用于感觉器官时所产生的不正确的知觉，而幻觉则是在没有外界事物作用于感觉器官时所产生的一种虚幻的知觉。幻觉在一定时间内能够消失，错觉一般是不会消失的，只有通过实践的验证，才能识别其真伪。错觉是人们知觉事物的特殊情况，不能因此而认为人不能正确地认识客观事物。人不仅可以通过实践检验来纠正错觉，而且还可以运用错觉的规律来为人服务。如在服装设计、商业广告、布景的制作以及军事伪装等实践活动领域中，都会广泛地应用错觉规律。

（三）感觉、知觉的区别和联系

感觉和知觉既有区别，又有联系。

1. *感觉、知觉的区别* 主要表现在三个方面：首先，内容不同，感觉是人脑对客观事物的个别属性的反映，通过感觉，人只能获得事物个别属性的认识。而知觉是对事物整体属性的反映，通过知觉，人可以了解事物作为整体的意义，因而其内容要远比感觉丰富生动。其次，产生过程不同，感觉只是单一的感觉器官进行简单信息加工的结果，而知觉则是大脑对不同感官通道的信息进行综合加工的结果。最后，产生的因素不同，感觉的产生更多的是由刺激物的性质决定的，而知觉的产生在很大程度上依赖于主体的知识经验和态度系统。

2. *感觉、知觉的联系* 也表现在三个方面：首先，感觉是知觉的有机组成部分，是知觉产生的前提和基础。对事物的感觉越丰富、越精确，对事物的知觉也就越全面、越正确；其次，感觉和知觉密不可分。人在和客观事物接触时，事物的个别属性总是作为一个方面和事物的整体一同被反映出来。因此，感觉和知觉被统称为感知；最后，它们都是对直接作用于感觉器官的事物的反映，客观事物一旦在感官所及范围内消失，感觉和知觉也就随之消失，而且感觉和知觉的主观映像都是具体的感性形象，它们同属于认识的感性阶段。

三、记忆的概述

（一）什么是记忆

记忆是过去经验在人脑中的反映，是经验的印留、保持和再作用的过程。按照信息加工理论的说法，记忆是指人脑对外界输入的信息进行编码、储存和提取的过程。记忆是一种非常重要的心理过程，是人们积累和形成经验、促进心理由低级向高级发展的最重要途径之一。记忆在现实生活中具有重要的意义，人的知识经验的积累和行为的逐渐复杂化都是靠记忆来实现的。一方面，记忆是人类知识经验的宝库，既能积累个人由实践得来的直接经验，又能积累个人由学习得来的间接经验，进而在此基础上推动智力的发展；另一方面，记忆是人的心理活动得以延续和发展的前提，因为记忆联结着心理活动的过去和现在，没有记忆的这种联结功能，心理的全部复杂性也就无法实现。所以说记忆是人的一种非常重要的心理机能。

（二）记忆的种类

根据记忆的内容，可把记忆分成下列四种。

1. **形象记忆**　以感知过的事物形象为内容的记忆，称为形象记忆。例如，我们去观看一场时装秀时，对一件服装的记忆，就是形象记忆。

2. **逻辑记忆**　以概念、判断、推理等为内容的记忆，称为逻辑记忆。例如，我们对法则、定理或数学公式的记忆，就是逻辑记忆。

3. **情绪记忆**　以体验过的某种情绪或情感为内容的记忆，称为情绪记忆。例如，模特对第一次上台表演时愉快心情的记忆，就是情绪记忆。

4. **运动记忆**　以做过的运动或动作为内容的记忆，称为运动记忆。例如，模特对学习表演技巧时一个接一个的动作的记忆，就是运动记忆。

在生活实践中，上述四种记忆是相互联系着的，只是为了研究的需要，才做这样的分类。另外，根据记忆保持时间长短的不同，也可将记忆分成短时记忆和长时记忆两种类型。

四、想象的概述

（一）什么是想象

想象是人对头脑中已有的表象进行加工改造，创造出新形象的过程，是思维活动的一种特殊形式。人的头脑不仅能够产生过去感知过的事物的形象，而且能够产生过去从未感知过的事物的形象。例如，人们在听音乐、看小说时，头脑中呈现出来的自己并未见过的情景、人物形象。作家根据生活经验，创造出各种各样的剧中人的形象，这些根据别人的介绍，或者根据自己的知识经验，在头脑中所形成的新形象，都是想象活动的结果。想象作为人所特有的心理现象，是与记忆、思维、情感、意志等心理活动密切联系在一起的。想象是人的科学研究、文学与艺术等创造性活动所不可缺少的。

（二）想象的种类

1. **有意想象和无意想象**　根据产生想象时有无目的，可把想象划分为有意想象和无意想象。有意想象也称"不随意想象"，指有预定目的和自觉进行的想象，有时还需要一定的意志努力。无意想象又称"随意想象"，是指没有预定目的的、不自觉进行的想象。它是当人们的意志减弱时，在某种刺激的作用下，不由自主地想象某种事物的过程。

2. **再造想象与创造想象**　再造想象是根据言语描述或图形等提示形成相应的新形象的过程，有一定的创造性，但其创造性的水平较低。再造想象在人们的生活中具有重要意义，它能帮助人们形象地掌握不曾感知或无法感知的事物；创造想象是按照一定目的、任务，使用自己以往积累的表象，在头脑中独立地创造出新形象的过程。它需要对已有的感性材料进行深入的分析、综合、加工、改造，在头脑中进行创造性的构思。

3. **幻想**　幻想是创造想象的一种特殊形式，是一种指向未来、并与个人的愿望相联系的想象，例如科幻影片。幻想不能立即体现在人们的实际活动中，而是带有向往的性质，幻想含有人们寄托的希望。积极的幻想是创造力实现的必要条件，是科学预见的一部分，对人类生活和社会发展都有积极意义。幻想是在人类社会生活中产生的，是激励人们创造的重要精神力量，促使人们为更美好的未来而努力。当旧的幻想实现之后，人们又可能产生新的幻想，并为实现这些新的幻想而努力。

4. **梦**　梦是在睡眠状态下所产生的想象活动。人在清醒时感知客观事物，并在头脑中加工形成经验和表象。在睡眠状态下，这些经验和表象中的一部分重新呈现出来，就成了梦的内容。梦是无意想象的典型形式，它具有离奇性和逼真性的特点。

五、思维的概述

（一）什么是思维

思维是人脑对客观事物本质属性与规律的概括的间接反映。思维与感知觉一样，均属于人的认识活动。感知觉是对事物的感性认识，反映事物的外部属性、整体以及事物之间的外部联系。思维属于认识过程的高级阶段，即理性认识阶段，它反映的是事物的本质属性以及事物的内部联系。思维与感知觉的区别还在于感知觉是人脑对客观事物的直接反映，思维则是对事物概括的间接反映。

（二）思维的种类

根据思维过程中的凭借物或思维形态的不同，可将思维分为动作思维、形象思维、抽象思维三种。

1. **动作思维**　就是在思维过程中以实际动作为支柱的思维，也称实践思维。其特点是直观的、以具体形式给予的，其解决方式是实际动作。

2. **形象思维**　是用表象来进行分析、综合、抽象、概括的过程。形象思维中的基本单位是表象，这种思维在幼儿期（3~7 岁）有明显的表现。

3. **抽象思维**　是以概念、判断、推理的形式来反映客观事物的运动规律，达到对事物本质特征和内在联系的认识过程。

六、皮亚杰认知发展理论

瑞士著名心理学家皮亚杰认为，人一生的认知发展不是一个稳定渐进的线性发展过程，而是经历了认知结构的不断再建构。可以按照认知结构的性质把认知发展划分为几个按不变顺序相继出现的阶段。每一阶段较上一阶段都发生了质的飞跃，标志着人适应环境的新方式。

（一）感知运动智力阶段（出生至2岁）

这一阶段儿童的智慧只停留于动作水平，不具备表象和运算的智慧。他们仅靠感知动作的手段来适应环境。

（二）前运算思维阶段（2~7岁）

前运算阶段与感知运动阶段相比有了质的飞跃。其最大的特点就是符号功能的大发展。由于符号功能的出现，儿童开始从具体的动作中摆脱出来，在头脑里形成"表象性思维"。但此阶段儿童的心理表象还只是外物的图像，并不是动作格式的内化。其次，此阶段的儿童在认知上是以自我为中心的，以为世界都是按他的思维在行事，同时也不会置身于别人的位置来进行思考。前运算阶段的儿童逻辑发展还处于只能发现事物之间共变或依存关系的"半逻辑"水平。

（三）具体运算思维阶段（8~12岁）

这一阶段的过渡和发展在皮亚杰看来是最为重要的。因为此时个体的思维实现了动作向运算的转变。运算来源于动作，它保留了动作的基本属性。但运算又高于动作，具有动作所不具备的新属性。在具体运算阶段，儿童的思维还离不开具体事物的支持，思维对象限于现实所提供的范围。其次，此阶段儿童的思维具有了灵活与平衡的特性。而且，具体运算达到了"可逆性"，这些发展最终导致了各种守恒的出现，儿童对世界的认识向前跨越了一大步。

（四）形式运算思维阶段（13岁以后）

形式运算最为显著的特点便是思维已能摆脱具体事物的束缚，将内容和形式区分开来，开始相信形式推理的必然效力。其次，形式思维能进行假设到演绎的推理，以确定多种因素之间的复杂因果关系。

皮亚杰认为，认知阶段出现的先后次序是不变的，具有普遍性，但对应的具体年龄段却不是一成不变的，存在个体差异。每一阶段都有其独特的认知结构，这些相对稳定的结构决定了儿童行为的一般特点。而且，认知结构的发展是一个连续构造的过程，每一阶段都是前一阶段的延伸，是在新的水平上对前一阶段进行改组而形成的新系统。

皮亚杰认为，人类智慧的发展在传统上存在三个经典的因素：首先是成熟的因素，人的认知发展可以看作是受遗传程序控制的主体逐渐发育成熟的过程，机体的成熟无疑是智慧发展的必要条件，它为发展开辟了新的可能性。第二个经典因素就是经验，通过经验的简单累积就能形成认识是机械唯物主义的思想。第三个经典因素是社会环境的影响。

第二节　情绪、情感过程

一、什么是情绪和情感

情绪、情感是人对于客观事物是否符合自己的需要而产生的态度体验，是人的心理生活的一个重要方面，它是伴随着认识过程而产生的。它产生于认识和活动的过程中，并影响着认识和活动的进行。但它不同于认识过程，它是人对客观事物的另一种反映形式，即人对客观事物与人的需要之间的关系的反映。情绪是动物和人都具有的，但即使是人的最简单的情绪，也与动物的情绪有本质的区别。因为人的生理需要受制约于社会生产、社会生活条件。由于人类生活在社会中，因此，人的情绪活动具有社会的性质。而情感是人所特有的，它是同社会性的需要、人的意识紧密地联系着的，它是在人类社会发展过程中产生的。

（一）情绪、情感是人对客观现实的反映

情绪、情感反映客观现实，但不反映事物本身，而是反映了对该事物的态度。这是因为情绪和情感总是由客观事物引起的，离开了具体的客观事物，人不可能产生情绪和情感，世界上没有无缘无故的爱与恨，就是这个道理。客观现实是情绪、情感产生的源泉，人的情绪、情感是客观现实的反映，但是，这种反映并非反映事物的本身，而是反映主体对事物的态度。例如，看到一位陌生人谈吐文雅、行为端庄、有良好的修养，会产生好感。这种好感的产生尽管来自陌生人，但好感所反映的却是对该陌生人的表现态度，是对该表现的一种体验或感受。

（二）情绪、情感产生的前提和基础

人们对客观事物的认识是产生情绪、情感的直接原因。换言之，没有对客观事物的认识，便不能产生任何的情绪和情感。同一事物，由于它在不同的条件、不同的时间出现，人们对其的认识、判断与评价也会不同，从而会产生不同的情绪和情感的体验。

（三）情绪、情感的性质

情绪、情感是以客观事物是否满足人的需要为媒介的。人对客观事物的认识，产生了不同的态度，从而产生了不同的情绪和情感。决定人们态度的是该事物是否符合主体的需要，如果该事物符合并满足主体的需要，就会对该事物持肯定的态度，产生满意、愉快、高兴的情绪、情感体验；反之，如果该事物不符合、不能满足主体的需要，便会对该事物持否定的态度，产生不满、愤怒、痛苦、仇视等消极的情绪、情感体验。对客观事物的不同态度取决于该事物对主体需要的满足程度，需要就成为客观事物与主观情感体验

的媒介，从而也决定了人的情绪、情感的性质。

二、情绪、情感的基本形式

人的情绪和情感多种多样，根据近代研究，通常将其分为快乐、悲哀、愤怒、恐惧四种基本形式。

（一）快乐

快乐是指盼望的目标达到或需要得到满足之后，解除紧张时的情绪体验。快乐的程度取决于愿望的满足程度。一般说来，可以分为满意、愉快、欢乐、狂喜等。引起快乐情绪的原因很多，如亲朋好友的聚会、美好理想的实现等都可以引起快乐的情绪。如果愿望或理想的实现具有意外性或突然性，则更会加强快乐的程度。

（二）悲哀

悲哀是与所热爱的对象的失去和所盼望的东西的幻灭相联系的情绪体验。引起悲哀的原因比较多，悲哀的程度取决于失去对象的价值。此外，主体的意识倾向和个性特征对人的悲哀程度也有重要的影响。根据悲哀的程度不同，可分为遗憾、失望、难过、悲伤、极度悲痛等不同的等级。悲哀有时伴随哭泣，使紧张释放，缓解心理压力。在比较强烈的悲哀中，常常伴发失眠、焦虑、冷漠等心理反应。

（三）愤怒

愤怒是由于外界干扰使愿望实现受到压抑，目的实现受到阻碍，从而逐渐积累紧张而产生的情绪体验。引起愤怒的原因很多，恶意的伤害、不公平的对待等都能引起愤怒的情绪。愤怒的产生取决于人对达到目的的障碍的意识程度，只有个体清楚地意识到某种障碍时，愤怒才会产生。愤怒的程度取决于干扰的程度、次数及挫折的大小。根据愤怒的程度，可把愤怒分为不满意、生气、愠怒、激愤、狂怒等。

（四）恐惧

恐惧是有机体企图摆脱、逃避某种情景而又苦于无能为力的情绪体验。引起恐惧的原因很多，如黑暗、巨响、意外事故等。恐惧的程度取决于有机体处理紧急情况的能力。

人的认识活动受情绪和情感的影响。积极的情绪、情感推动人们去克服困难、达到目的；消极的情绪、情感，阻碍人们的活动，销蚀人们的活力，甚至引起错误的行为。在快乐、悲哀、愤怒、恐惧四种基本情绪中，快乐属于肯定的、积极的情绪体验，它对有机体具有增力作用。而悲哀、愤怒、恐惧通常情况下属于消极的情绪体验，对人的学习、工作、健康具有消极的作用，因而应当把它们控制在适当的水平上。但在一定条件下，悲哀、愤怒、恐惧也可以起到积极的作用，如战士的愤怒有利于他们在战场上勇敢战斗；

对可怕后果的恐惧有利于个体提高责任感与警惕性；悲哀可以使人"化悲痛为力量"，从而摆脱困境。

三、情绪与情感的种类

（一）情绪的种类

人除了基本情绪以外，还有许多复合情绪。例如自我产生的骄傲感与谦逊感、与他人相联系产生的爱与恨、对情境事件的求知和好奇心等，都是两种以上基本情绪的混合。焦虑和忧郁等可能带有异常性质的情绪，也是几种基本情绪的合并或模式。依据情绪发生的强度、持续时间的长短及外部表现的情况，可以把情绪状态分为心境、激情和应激。

1. **心境**　心境是一种使人的整个精神活动都感染上某种色彩的、微弱、平静而持久的情绪状态，可以形成人的心理状态的一般背景。

（1）心境的特点：首先，其特点是和缓而微弱，有时人们甚至觉察不出它的发生；其次，持续时间较长，少则几天，长则数月；最后，心境是一种非定向性的弥散性的情绪体验，在人的心理上形成了一种淡泊性的背景，使人的心理活动、行为举止都蒙上一层相应的色彩。心境有积极和消极之分。积极的心境，使人振奋愉快，能推动人的工作与学习，激发人的主动性与创造性；消极的心境则使人颓丧悲观，妨碍人的工作和学习，抑制人的积极性的发挥。如心情愉快时，干什么都有精神；悲观失望时，干什么都提不起精神。

（2）心境产生的原因：心境产生的原因是多种多样的。个人生活中的重大事件，诸如事业的成败、工作的逆顺、人际关系的亲疏、健康状况的优劣，甚至自然界的事物，如时令气候、环境景物等都可以成为某种心境形成的原因。除了由当时的情境而产生的暂时心境外，人还能形成各自独特的稳定心境，这种稳定的心境是依人的生活经验中占主导地位的情绪体验的性质为转移的。人应充分发挥其主观能动性，正确地认识评价自己的心境，消除消极心境的不良影响，培养坚强的意志，增强抗御外界不良刺激和干扰的能力，树立正确的理想和信念，有意识地掌握自己的心境，做心境的主人。

2. **激情**　激情是一种短暂的、强烈的、爆发式的情绪状态，通常由突然发生的对人具有重大意义的事件引起。激情有以下四个特点：第一，激情具有激动性和冲动性；第二，激情维持的时间比较短；第三，激情具有明确的指向性；第四，激情具有明显的外部表现。引起激情的原因是多方面的，突发事件、过度的抑郁和兴奋，都可能导致激情的产生。激情如果伴随着冷静的头脑和坚强的意志，它可以成为动员人的所有潜能积极投入行动的巨大动力。反之，激情如果是不符合社会要求的、对机体有害的，就会起到负面作用，青少年犯罪中常见的就是激情犯罪。可见，激情的意义是由它的社会价值决定的。

3. **应激**　应激又称应激状态，是在人的生命或精神处于威胁情境下，采取必要决定行动时或和无力应付受威胁的处境时产生的情绪状态。在应激状态下，人可能有两种表现：一种是目瞪口呆，手足失措，陷于一片混乱之中；另一种是急中生智，冷静沉着，动作准确有力，及时摆脱险境。出乎意料的危险情景或面临重大压力的事件都是应激状态出现的原因。

应激有积极的作用，也有消极的作用。一般的应激状态能使有机体具有特殊防御排险机能，能使人精力旺盛，使思维特别清晰、活跃、精确，使人动作敏捷，推动人化险为夷，转危为安，及时摆脱困境。但紧张而又长期的应激会产生全身兴奋，注意和知觉范围狭小，言语不规则、不连贯，行为动作紊乱。在意外的情况下，人能不能迅速判断情况并做出决策，有赖于人的意志力是否果断、坚强，是否有类似情况的行为经验。另外，思想觉悟、责任感等也是在应激状态下，防止行为紊乱的重要因素。长时期持续的应激则可能引起精神创伤，危及身体健康。

（二）情感的种类

情感是和人的社会观念及评价系统分不开的，人的社会性情感组成了人类所特有的高级情感。情感反映着人们的社会关系和生活状况，渗透到人类社会生活的各个领域，具有鲜明的社会历史性。人类较高级的社会性情感有道德感、理智感和美感。

1. **道德感**　人们基于个体社会经验和文化影响在相互交往中掌握了社会上的道德标准，并将其转化为自己的社会需要，对人的思想意识和行为举止是否符合社会道德规范而产生体验，这时人所产生的情感体验即为道德感。道德感是人所特有的一种高级情感，是人们运用一定的道德标准评价自身或他人的行为时所产生的一种情感体验。如果自己或他人的思想和行为符合这种道德规范的要求，则产生肯定的道德体验，心安理得或尊敬感。反之，则产生否定的道德体验，如愧疚、痛苦或蔑视。在不同的时期、不同的社会环境下，道德标准是不同的，但是就全人类来讲是有共同的道德标准的。例如，对社会义务的承担，对自己国家的热爱，对老弱病残的扶助等，在任何社会都是宣传和倡导的。

2. **审美感**　审美感是人对客观事物或对象的美的特征的情感体验。它是人们根据美的需要，按照个人的审美标准对自然和社会生活中各种事物进行评价时产生的情感体验。

审美感与道德感一样，是受社会生活条件制约的。在不同的时期和环境下，人的审美标准及对各种事物美的体验也是不同的。审美感虽然受社会历史条件制约，但仍存有全世界共同享有的美感，例如在自然风光和艺术欣赏中产生的和谐与美的共同感受。

3. **理智感**　理智感是人对认识活动进行评价时产生的情感体验，是对与真理的追求、科学的探索、智力的活动相联系的体验。如对知识的热爱、真理的追求；对偏见、迷信、谬误的憎恨；对错失良机的惋惜；了解和认识未知事物时的好奇心和新异感；对矛盾事物的怀疑、惊讶和焦虑，问题解决后产生的强烈成就感、坚信感、喜悦和自豪；在坚持自己观点时产生的强烈的热情；由于违背了事实而感到不安、羞愧等，都是理智感的体现。理智感同人的认识活动中成就的获得、需要的满足、对真理的追求及思维任务的解决相关联。人的认识活动越深刻，求知欲望越强烈，追求真理的情趣越浓厚，人的理智感就越深厚。

道德感、审美感、理智感被称为高级社会性情感或情操。

四、情绪与情感的区别和联系

情绪和情感是既有区别又相互联系的。人们常把短暂而强烈的具有情景性的感情反应看作是情绪，如愤怒、恐惧、狂喜等；而把稳定而持久的、具有深沉体验的感情反应看作是情感，如自尊心、责任感、亲人之间的爱等。实际上，强烈的情绪反应中有主观体验；而情感也会在情绪反应中表现出来。通常所说的感情既包括情感，也包括情绪。

情绪一般比较不稳定，带有情景的性质。当某种情景消失时，情绪立即随之而减弱或消失，所以它是不断变化着的一时的现象及状态。情绪以表情形式表现出来，包括面部表情、言语声调表情和身段姿态表情。面部表情是情绪表现的主要形式，面部肌肉运动向大脑提供感觉信息，引起皮层皮下的整合活动，产生情感体验。情感与情绪相比，较为稳定，是比较本质的东西，它是人对现实事物的比较稳定的态度。

（一）情绪和情感的区别

从需要的角度看，情绪是和生物机体需要相关联的体验形式，如喜、怒、哀、乐等。情感是一种较复杂而又稳定的体验形式，如与人交往相关的友谊感、与遵守行为准则规范相关的道德感、与精神文化需要相关的美感及理智感等。在个体发展中，情绪反应出现在先，情感体验发生在后，如新生儿只有悲伤、不满、高兴等情绪表现，通过一定的社会实践才逐渐产生形成如友爱、归属感、道德感等情感体验。从表现形式看，情绪一般发生得迅速、强烈而短暂，有强烈的生理变化，有明显的外部表现，并具有情境性、冲动性和动摇性。而情感是经过多次情感体验概括化的结果，不受情境的影响，并能控制情绪，情感由于只与对事物的深刻性认识相联系，因而具有稳定性。

（二）情绪和情感的联系

情绪和情感的联系是很紧密的。情绪和情感虽然有各自的特点，但又是相互联系、相互依存的。情绪的变化一般都受制于已形成的情感及其特点，而情感又总是在各种不断变化的情绪中体现。情感是在情绪的基础上形成的，反过来，情感对情绪又产生巨大的影响，它们是人感情活动过程的两个不同侧面，在人的生活中水乳交融，很难加以严格的区分。情绪和情感具有两极对立的特性，在一定条件下它们之间可以互相转化。因此，在某种意义上可以说，情绪是情感的外在表现，情感是情绪的本质内容。

五、情绪、情感的作用

（一）调节功能

调节功能指的是情绪和情感对认识过程或行为活动具有组织和瓦解的支配作用，能够指引和维持行为的方向。这种作用一方面表现为情绪和情感产生时，会通过皮下中枢的活动，引起身体各方面的变化，使人能够更好地适应所面临的情境。另一方面表现在情绪和情感对认识活动和智慧行为所引起的调节作用，影响着个人智能活动的效率。研究表明，适度的情绪兴奋性，可使身心处于活动的最佳状态，进而推动人有效地完成工作任务。因此，情绪、情感支配着行为的选择，表现出具有动机性作用。

情绪、情感的发生也会促使人们注意外界情境的变化，或机体内部的变化，来调节自己的认知和行为，以适应新的情境。例如，面对突如其来的险情，恐惧之感会使人产生"应激反应"，引起体内一系列生理机能的变化，使人更好地具有适应性功能。当人们面临新情境不能用以往有效的方式做出适当的反应时，会产生消极情绪的困扰。如果这种情绪困扰长期不能解除，就不能适应正常的学习、生活和工作，这不仅影响到活动效率，而且有损于身心健康。

（二）信号作用

情绪和情感的信号功能，首先表现为人与客观事物之间的关系产生了一种意外变化的信号。人的情绪和情感状态往往是通过表情表现于外的，各种表情模式都具有各自不同的信号意义。它在人与人之间具有传递信息、沟通思想的功能，是人们在学习、工作和生活中相互影响的一种重要方式。

客观事物作用于人，特别是原有的主观状态不能适应这种客观事物刺激时，人的神经、化学机制就会被激活，并发生特殊信号，促使人改变活动方式，并采取新的应付措施。人们在社会生活中、在许多场合下，彼此的思想、愿望、需要、态度或观点，可以通过表情来传递信息，从而达到沟通思想、相互了解的目的。表情包括肢体表情、言语表情和面部表情。例如，狂喜时手舞足蹈，愤怒时摩拳擦掌，说话时的语调以及伴随的喜、怒、哀、惧的面部表情都具有信号交际的作用。通过这种信息的传递，个体可让他人识别正在体验着的情绪状态，也可向他人传递自己的某种愿望、观点和思想，从而使自己对事物的认识和态度具有鲜明的外露特色，更容易为他人所感知和接受。

（三）易感作用

人的情绪、情感具有感染性，表现为个体对各种信息意义性的鉴别是通过共鸣和移情作用进行的。文学、艺术无不是以情感表达艺术效果的。在教学活动中，教师积极高昂的情绪可以提高学生学习情绪的兴奋性和主动性。教师积极的情绪还可以增强教材内容及教师要求的可接受性，学生感受到教师的情绪情感，可促进其与教师交流的和谐，从而在不知不觉中提高学习效果。也就是说，只有先"动之以情"，然后"晓之以理"才会真正起作用。

（四）驱动功能

驱动功能是指情绪、情感对人的行为活动具有增强或降低的作用。它能够驱使个体从事某种活动，也能阻止或干扰活动的进行。例如，一个运动员在高涨的情绪下会全力以赴，克服种种困难，达到自己成绩的理想目标。如果一个人情绪低落，则会停滞不前，知难而退。从这种意义上讲，情绪和情感具有某种动机的作用。

第三节 意志过程

一、什么是意志

意志是人自觉地确定目的，并根据目的调节和支配自身的行动，克服困难以实现预定目的的心理过程。人在活动之前，已经具有比较明确的活动目标，以引导人类的活动，不断地指引人们按着既定的目的和方向去行动。意志是人类所特有的心理现象，是人的意识能动性的集中表现，与认知、情感和个性密切相关。意志不是人生来就具有的，青年时期是意志品质逐渐成形时期，具有较大可塑性。

二、意志的特征

（一）意志行动和目的相联系

意志直接支配人的行动，是为完成一定的目的任务而组织起来的行动，意志行动总是自觉确定和执行目的的。与动物不同，人能够自觉地确立行为的目的。离开了自觉目的，就没有意志而言，所以，盲目的行动是缺乏意志的行动。当一个人对任务、目的越明确，并越是意识到目的的社会意义时，则他的意志就愈坚定。意志对行动的调节既可表现为发动和进行某些动作或行为，也可表现为制止和消除某些动作或行为。

（二）以随意运动为基础

随意运动是受主观意识调节的、具有一定目的方向性的运动，是已经学会了的、较熟练的动作。它是在生活实践过程中逐渐学习获得的动作，是意志行动的必要组成部分，如写字、踢球、跑步、画画等各项技能等都属于随意运动。它们的掌握程度越高，意志行动愈容易实现（不随意运动是指不由自主的活动，如非条件反射运动，自动化的习惯性动作等）。

（三）意志行动与克服困难相联系

意志与克服困难直接相联系，目的的确立与实现的过程中总会遇到各种各样的困难，因此战胜和克服内部和外部困难的过程，也就是意志行动的过程。例如冬泳就是一个用意志战胜困难的过程。再如，服装表演中，模特穿着设计师提供的高跟鞋，但常有鞋码不合适磨破脚的现象发生，模特忍着疼痛，依然以饱满的状态展示服装，这也是一个通过意志克服困难的过程。

三、意志的过程

意志的过程是指人在活动中有目的、有计划，为达到目标而克服困难的意志行动的发生、发展和完成的历程。在现实生活中，人的认识、情绪、情感与意志过程不是彼此孤立的，而是紧密联系、相互作用的。一方面，人的情绪、情感和意志受认识活动的影响。另一方面，人的情绪、情感和意志也影响着认知活动，积极的情感、锐意进取的精神能推动人的认知活动，而消极的情感就会阻碍人的认知活动。情绪、情感与意志也存在密切的关系，情绪、情感既可以成为意志行动的动力，也可以成为意志行动的阻力，而人的意志可以控制和调节自己的情绪、情感。意志过程可以分为两个阶段：采取决定阶段和执行决定阶段。前者是意志行动的开始阶段，它决定意志行动的方向，是意志行动的动因；后者是意志行动的完成阶段，它使内心追求的目标、计划付诸实施，以达成该目标。

（一）采取决定阶段

这是意志行动的开始阶段，决定着意志行动的方向及可能实现的程度，是意志行动的动因。它一般包括：选择目标、设定标准、心理冲突和矛盾、制订计划和做出决策等。目标是人们行动所期望获得的结果，但在人们行动时，有时可能是只有一个目的，有时可能有多个目标。目标的确定也会产生冲突，需要作意志的努力。目标确定后，要选择实施的方法，制订出计划。在各种选择中，也会产生心理冲突，也要做出意志努力。

（二）执行决定阶段

执行决定阶段是实施做出的决定，执行决定是意志行动的最重要环节。因为即使在做出决定时有决心、有信心，如果不去付诸行动，这种决心和信心依然是空的，意志行动也就不能完成。

在执行决定的过程中会遇到许多的困难。除了克服困难外，有时还需要改变原来的决定，修正原来的计划，根据新的决定采取行动。意志不仅表现在善于坚持贯彻既定的决定，也表现在善于果断地放弃原来不符合客观情况的决定，采取新的方案，实现既定的目标。在执行决定的过程中，无论是遇到困难、挫折，还是荣誉和成功，都需要意志的努力。意志坚强者会胜不骄、败不馁，不断地进行目标定向；而意志薄弱者可能发生意志动摇，轻易改变原来的决定。意志行动两个阶段的各类因素是彼此紧密联系和反复交织着的。在采取决定阶段中，就会有局部的执行决定过程；在执行决定阶段中也存在着采取决定的过程。当意志行动达到预定目的时，又会增强克服困难的毅力，提高克服困难的勇气。优良的意志品质，正是在克服困难的过程中锻炼和培养起来的。

思考与练习

1. 注意的种类有哪些?

2. 感觉与知觉的区别和联系?

3. 思维的种类有哪些?

4. 什么是审美感?

5. 请简述情绪、情感的区别和联系。

6. 意志的特征有哪些?

人格

课题名称： 人格

课题内容： 1.人格概述

2.人格倾向性

课题时间： 2课时

教学目的： 学习人格形成、发展以及倾向性

教学方式： 理论讲解结合实例分析

教学要求： 通过学习掌握方法，用于自我分析

课前准备： 预习普通心理学相关内容

第三章　人格

第一节　人格概述

一、什么是人格

人格是包含性格在内的较为复杂的结构。"人格"一词来自拉丁文，它的原意是面具，是戏剧人物的角色及身份。早在古希腊时期，人们就已使用"人格"的概念，并引申出较复杂的含义，包括一个人的外在行为表现方式及在生活中扮演的角色，与其工作相适应的个人品质的总和，声望和尊严。人格是一个极为抽象的概念。一般认为，人格不单指性格，还应包括人的能力、气质等内容。能力是顺利有效地完成某种活动所必须具备的心理条件的一种心理特征；气质是表现在心理活动的强度、速度和灵活性等动力特点方面的一种心理特征。人格是一个人的跨时间、跨情境的心理特征的整合统一体，是一个相对稳定的结构组织，在不同时空背景下影响人的外显和内隐行为模式的心理特性。人格标志一个人具有的独特性，并反映人的自然性与社会性的交织。

心理学家们对人格的定义并不完全一致，近现代的西方学者提出了许多不同的对人格的心理学定义。归纳出来可以分成五种：第一，罗列式的定义。这种定义通常采用诸如"人格是……的总和"的形式，有时采用"集合""组合"等词汇，都是列举出属于人格的内容。第二，整合的或完形的定义。这种定义强调个人属性的组织性和整体性。第三，层次性的定义。这种定义是把人格的属性或特征按一定的层次结构排列起来，使人格特征层次分明，并具有内在的相互联系和统一性。第四，适应性的定义。这种定义来自于深受达尔文生物进化论思想影响的生物学家与心理学家，他们倾向于把人格看作生物进化过程中对环境适应的一种现象。第五，区别性的定义。这种定义特别强调个人人格的独特性，人与人之间在人格上的差异性或区别性。

中国学者中几种有代表性的定义：第一，陈仲庚等心理学家认为人格是个体的内在行为上的倾向性，它表现一个人在不断变化中的全体和综合，是具有动力一致性和连续性的持久的自我，是人在社会化过程中形成的给予人特色的身心组织。第二，心理学家黄希庭认为人格是个体在行为上的内部倾向，它表现为个体适应环境时在能力、情绪、需要、动机、兴趣、态度、价值观、气质、性格和体质等方面的整合，是具有动力一致性和连续性的自我，是个体在社会化过程中形成的给人以特色的身心组织。第三，心理学专家郭永玉认为人格是个人在各种交互作用过程中形成的内在动力组织和相应行为模式的统一体。

二、人格的形成及发展

人格是在长期的环境、教育及自身成长过程中所取得的经验的基础上逐步发展的，也是通过参与各种社会交互活动时取得的经验加以内化所形成的。人格是人们逐步形成的相对稳定的思想观念、心理特质和行为模式。从教育目的来看，人格塑造和传授知识、培养能力一样，都是教育的重要功能。人格形成中的重要因素主要有以下两个方面。

（一）环境因素

一个人的外貌形象以及后天造成的身体缺陷等，对其人格会产生某些影响。人的外在形象并不能直接决定人的心理特点，先天肢体缺陷的人不一定产生自卑，只有在遇到周围人的贬低和排斥时，才有可能形成自卑心理。家庭和学校对儿童的道德面貌的影响也是很大的，而道德观念是人格的重要组成部分。经调查，少年儿童的观念与父母、教师和其他同龄人相比较，父母与其子女的观念的相似度要比同其他人的高得多，而母亲与其子女的道德观念的相似度比父亲与子女的更高。但是，这种相似度随着年龄的增长会递减。这意味着，儿童成长后的道德观念受家庭以外的群体以及正规教育等社会因素的影响更多了。儿童进入学校后，影响其人格发展的因素就更广泛了。学校中最重要的一个影响因素就是集体态度和集体情感，即人们常说的"班风"或"校风"。另外，文学、艺术作品以及电影、电视、网络等传播媒介对一个人人格发展的影响，也是起着重要作用的。

（二）社会学习和社会规范的内化因素

一个人的人格特征不是自发产生的，而是习得的结果，这同获得知识和技能的原理并无多大区别。一个人的道德标准和价值系统，部分是在教育过程中学会，还有部分是在不知不觉中偶然习得的，这实质上是一种社会学习。道德信念和价值观念一旦被人在潜移默化中所吸收，就被逐步内化，组合成为"自我"，构成人格的一个部分。

三、人格特性

人格特性是指个体之间的差异，是人的多种心理特点的一种独特的结合，构成了一个人心理面貌的独特性，说明了心理面貌的个体差异。人格特性是在社会历史发展中形成的。人不是被动地去适应环境，因为在与环境相互作用的过程中，环境会对人产生影响，人也能够有目标有意识地反作用于环境，并在改造自身的同时，创造着活动的产物。在这种过程中，个体通过掌握既有的人类本质力量，并将其转化为自身的认知、情感、行为诸方面的人格特性，达到并且超越人类发展的既有水准。

人格发展过程是人类个体为了满足自身生存发展需要而与外部生活环境，包括物质现象、社会关系、意识形态所蕴含的人类本质力量相互接触、相互作用的人格活动过程。人类接触到社会生活条件中所蕴含的人类本质力量，并与之相作用、相接触才可以得以发展。一切人格特性都是在相应的人格活动中并且经由这样的活动过程而形成和发展的，即人类个体必须经过相应的人格活动过程才能形成完整的人格特性。

人格的内涵非常复杂，定义也多种多样。但人格特征的基本属性却是众多心理学家公认的。人格的特性具有复杂性和多维性，具体可以分为以下五种。

（一）整体性和个体性

整体性和个体性是指一个人表现在行为模式中的心理特性的整合体，是一种心理组织，构建成一个人内在的心理特征结构。它不能被直接观察，但却经常体现在人的行为之中，使个体表现出带有个人整体倾向的精神风貌。由于人格结构组合的多样性，构成了人与人之间的个体差异性。尽管不同人会有某些相同的个别特征，但他们的整体人格不会是完全相同的。

（二）稳定性和可塑性

人的思想感情和行为具有跨时间的连续性和跨情景的一致性。由许多个性特征组成的人格结构是相对稳定的，这种稳定性具有跨时空的性质，即个体人格在各种情境刺激作用上及产生个体行为上具有广泛的一致性。但是这种稳定性不是一成不变的、刻板的，而是具有可塑性的、发展的。人格是在主客观条件相互作用的过程中发展起来的，又在这个过程中发生变化。成年人的人格比较稳定，但自我调节对人格的改变会起重要作用。而儿童的人格还不稳定，受环境影响较大。

（三）统一性与多样性

统一性是指人格是内在的有机统一体。在现实生活中，一般情况下，人们总能正确地认识和评价自己，合理定位，及时调整自己内部心理世界中出现的相互矛盾的心理冲突，使个体的动机和行为长期保持和谐一致。但是统一性并不意味着不允许矛盾性的存在，在一个人身上理性与感性是可以并存的，一个人处于不同的社会角色时，也会表现出不同的人格特质，存在着多样性。

（四）生物性与社会性

人是具有社会性的生物。因此，在探讨人格的本性时就必须考虑人的生物性和社会性。人的自然的生物特性不能预定人格的发展方向，然而它却构成了人格形成的基础，影响着人格发展的途径和方向及人格形成的难易程度。人格是以个体的生理特点为基础在生活过程中形成的，在极大程度上受社会文化、教育教养内容和方式的塑造。在人格形成的过程中，既不能排除社会因素，也不能排除生物因素，它们二者相互作用。

（五）独特性与共同性

独特性是指每一个人都是独一无二的个体。独特性并不说明人与人之间在人格上毫无共同点，共性寓于个性之中，个性又不同程度地体现着共性。心理的独特性和共同性在人格中具有统一性，并体现在以下两种方面：一方面，某一群体共有的心理特点总是通过群体内的成员个体体现出来，它制约着个体的独特性，尽管每个个体都有其各自的特点，但群体并未失去本群体的一致风格。另一方面，人类所具有的某些共同的心理活动规律会表现在不同的个体身上，如人们观察事物时，有的人表现得比较认真，有的人表现得比较马虎。因此，这种差异性也含有人类共有的观察能力。

第二节　人格倾向性

倾向性是人格结构中最活跃的因素，是人格的重要组成部分，存在着潜在力量，决定着人对认识对象的趋向和选择，也是决定一个人的态度、行为和积极性的、选择性的动力系统。个性倾向性较少受生理、遗传等先天因素的影响，主要是在后天的培养和社会化过程中形成的。它主要包括需要、动机、兴趣、自我意识等，这些成分并非各自孤立存在，而是互相联系、互相影响和互相制约的。需要是基础，对其他成分起调节和支配作用，需要又是人格倾向性乃至整个人格积极性的源泉，只有在需要的推动下，人格才能形成和发展。动机、兴趣和信念等都是需要的表现形式。信念是最高层次，决定着一个人的总的思想倾向，是人的言行的总指挥。一个具有坚定信念的人，在工作或生活中遇到困难时，可以表现出顽强坚毅和克服困难的意志。

一、需要

（一）什么是需要

需要是个体和社会的客观需求在人脑中的反映，是人对生存和发展的事物需求的体验，是人格性倾向性的基础，它与人的行为的发生有密切的关系，是个人的心理活动与行为的基本动力。需要是人在生活中感到某种欠缺而力求获得满足的一种心理状态，是对客观事物要求的反映。

人的需要是一个由低级的生理需求的满足逐渐产生出社会性的需求的发展过程。需要是人脑对生理和社会的要求的反映，如果离开了社会活动，人的需要与动物的需要就难有本质的不同了。一个人从出生到成年，每一个阶段都会有主要的矛盾和与之相对应的需要，并形成不同阶段的主导需要。

（二）需要的特点

1. 相关性　需要的满足及程度，直接影响人的生存与发展，尤其是对于未成年人，需要与生存发展之间的关系更为密切。

2. 个体性　需要的满足感会在个体身上体现出来，例如生理的需要、爱的需要、学习的需要、工作的需要等都是通过个体表现出来。

3. 多样性与层次性　需要有多种分类方式，有人把需要分为物质需要、运动和活动需要、与别人关系需要、文化需要等，心理学家马斯洛提出了著名的需要五层次论，即生理需要、安全需要、归属及爱的需要、尊重需要、自我实现需要。尽管分类各有差异，但共同点是需要都具有多样性和层次性。

4. 动态性　人的需要是随着满足对象的范围和满足需要的方式改变而发展的，原有需要满足了，又会产生新的需要，物质需要得到了满足，又会产生精神需要。

5. 社会制约性　人的需要的满足，客观地受社会不同时期政治、经济、文化背景等历史条件的限制，不会超越时代，人们会根据社会的特点调节自己的需要。

（三）需要的种类

人类为了生存和发展，要满足各种各样的需要。当人们产生某种需要时，就要通过活动去满足这种需要，需要就成为人的活动动力。对于人的需要的分类问题，心理学家们的观点不一，有很大的分歧。本文根据不同的标准把人的需要分为自然需要、社会需要、物质需要、精神需要四类。

1. 自然需要　自然需要是指与保护和维持个体的生命安全及种族的延续相联系的需要。它们是人生而有之的。这些需要包括：维持机体内部平衡的需要，如饮食、运动、呼吸、睡眠、排泄等，也称生理需要或本能需要，特点是出现具有周期性；回避伤害的需要，如对有害的或引起不愉快的刺激进行回避或防御；性的需要；内发性需要，如好奇、探究反应等。这些自然需要作用于维持个体生理状况的平衡。如果个体的生理状况达不到平衡，自然需要长期得不到满足，那么个体就难以避免死亡，或者不可能延续其后代。人的生理需要不是纯粹的本能驱动，无论是哪一种需要都必须以一种为社会所认可、所接受的方式来求得满足。

2. 社会需要　社会需要是社会生活的要求在个人头脑中的反映，是人所特有的。由于人所处的经济和社会生活制度不同，生活习惯不同，所受的教育不同，生活环境的不同，人的社会性需要也会有所不同。人的言行要受到社会生活条件和文化意识形态的影响和制约，其生理需要的满足过程自然也会带有社会文化的印记。社会需要一般包括：对文化学习、劳动的需要；对社会交往、名誉地位、爱情、友谊的需要；对休息消遣、娱乐、享受的需要等。社会性需要的主要作用在于维持个体心理、精神上的平衡。如果人的社会性需要得不到满足，会产生心理上的不平衡和精神上的不愉悦。

3. **物质需要**　物质需要是指人对衣、食、住等方面的需要，是维持和发展人的生命的基础。物质需要包括维持生命机体的低级的自然物质需要和高级的社会物质需要。低级的自然物质需要包括食物、保暖等方面的需要；高级的物质需要是指对高品质物质的需要。

4. **精神需要**　精神需要是指人在发展过程中对社会精神生活及其产品的需求。如对成就、自尊、交往、教育、审美、道德等方面的需要。精神的需要可以激励着人们朝着进步的方向发展，使人们乐于学习知识，并使知识的传递和经验的传播成为可能。精神的需要可以促进人与人之间的关系，这对于丰富人们的智慧、促进思想交流，具有重要的意义。

精神需要往往和物质分不开，如在满足精神需要的同时，往往需要物质基础，但物质需要和精神需要又不是完全等同的，富有的物质生活条件并不能确保精神需要的满足，匮乏的物质生活条件也并非不能满足精神需要。人们的精神需要是会不断升级的，当某种需要得到满足后，就会提出更高的需要。需要不只在它没有满足时是活动的动力，在得到满足后，仍然是活动的动力。需要永远表现出积极的性质，个性的倾向性就表现在满足需要的过程中。

二、动机

（一）什么是动机

动机，是推动和维持人们活动的内部原因或动力。动机是由需要转化而来的。

如果说需要是人的活动的基本动力的源泉，那么，动机就是推动这种活动的最直接的力量。动机是在需要的刺激下，直接推动人进行活动以达到一定目的的内部动力。人的需要通常以兴趣、意图、愿望、信念等形式表现出来。但仅有这些意愿，人还不会立即有所行动，只有动机产生后，人的某种行为才会真正被引发。动机具有三层含义：第一是活动性，一个人由于需要产生某种活动的倾向，这种倾向的出现对他的行为具有推动作用，表现为行为的发生和加强；第二是选择性，一个人的行为被推动之后，其活动总是指向一定的目标，相应的忽视其他的方面，从而表现出明显的选择性；第三是坚持性，为了达到这一目标，一个人必须将其行为维持一段时间，从而表现为坚持追求的愿望和态度。动机的产生取决于两个条件：第一是某种需要必须成为个体的强烈愿望，迫切想要得到满足；第二是客观上存在着满足某种需要的具体对象，使之有满足的可能性。

（二）动机的功能

1. **启动功能**　人们的各种各样的活动总是由一定动机所引起，有动机才能唤起活动，动机对活动起着启动作用，调动人活动的积极性，动机是引起活动的原动力。学生有了学习动机，才能开始学习活动，所以启发学生学习动机，是激励学生学习的前提。

2. **定向功能**　动机不仅能唤起行动，而且能使行动具有稳固性、持久性和完整性，使人的活动保持一定的方向并使其水平不断上升。动机指引着人行动的方向，使行动朝预定的目标进行。

3. **强化的功能**　达到目标的过程中，动机可以加强行动的力量。在一般情况下，一个人成功地做成了某件事情，可以增强继续做好的信心。强化可以是来自诱因产生的刺激，也可以是有内发性的动机所产生的阶段性行为结果。有一类动机，依赖现有的情境和直接的影响，在较短时间内，对活动可以起辅助的强化作用，如一名学生的学习成绩不好，自卑感强烈，如果他常常意识到这一点，并激励自己，就可以起到努力学习的强化作用，促使学习得到进步。

4. **迁移功能**　动机总是由一定的情境激发，但也可能会产生迁移，例如一个学生不喜欢绘画，但她很喜欢服装设计，长大想做服装设计师。如果能促使其想做设计师的动机迁移，明白为了将来能成为设计师，绘画是非学好不可的，就会开始努力学习绘画。

（三）动机的种类

由于动机与人的行动的关系较为复杂，一个人的行为，往往并不只是一个动机所促使。同时，一个动机也可能由多个行动显示出来。现根据不同的角度和标准作如下分类。

1. **生理性动机和社会性动机**　根据需要的种类把动机分为生理性动机和社会性动机。生理性动机的基础是人的生理需要，如对食物、水、性的需要而产生的动机；社会性动机的基础是人的社会需要，如交往、劳动、学习的动机等。

2. **正确的动机与错误的动机**　根据动机的社会意义把动机分为高尚的、正确的动机与卑劣的、错误的动机。符合国家和社会利益的动机就是高尚的、正确的；反之，就是错误的或低下的。在有阶级的社会中，有些人的活动动机具有鲜明的阶级性。

3. **一般的动机与特殊的动机**　根据动机影响范围的大小，可以把动机分为一般的、概括的动机与特殊的、具体的动机。如学习是比较广泛的动机，它对所有知识的探求都有推动作用。而钻研物理、数学等专业学科，则是具体的动机，它只对某一方面知识的探求有推动作用。

4. **直接的动机与间接的动机**　根据动机的影响范围和持续作用时间，以及动机与活动的直接或间接的关系，可以把动机分为直接的、短近的动机与间接的、长远的动机。长远的动机持续作用较长，具有稳定性，不受偶然因素变化的影响；短暂的动机则恰好相反。

5. **主导动机和辅助动机**　根据动机所起作用的主次、大小，可把动机区分为主导动机和辅助动机。在一些复杂的活动中往往存在着多种动机，各起不同的作用。所起作用较为强烈、稳定、处于支配地位的动机就叫主导动机。所起作用较弱、较不稳定、处于辅助地位的动机就是辅助动机。主导动机和辅助动机在一定条件下是可以相互转化的。

（四）动机与目的、行为、效果、效率的关系

1. **动机与目的**　动机和目的既有区别又有联系。动机是驱使人进行活动的内部动因，说明一个人为什么进行这种活动。而目的则是期望在行动中所要达到的结果。有时动机与目的并不一致，分为两种情况：动机相同而目的不同，例如，高中毕业生都想考大学，但有的想学艺术，有的想学医学，有的想学文学；目的相同而动机不同，例如，同样是学艺术，有的想成为艺术家，有的想成为艺术教育者。

2. **动机与行为**　动机与行为的关系是十分复杂的，同一种行为可能有不同的动机，不同的活动也可能有相同的动机或相似的动机。例如在同一所单位中，大家工作的动机可能是不同的。有的希望得到高薪，有的为了升职，有的为了养家糊口。另外，同一种动机也可能有不同的行为。例如几个人都想锻炼，但有人选择打网球，有的去跑步，有的去游泳等。

3. **动机与效果**　在动机与效果的关系上，情况也较复杂。一般来说，良好的动机会产生好的效果，不良的动机会产生不良的效果，即为动机和效果的统一。但是，在现实生活中也常有动机和效果不一致的情况，比如生活中我们常说的帮倒忙、好心办坏事。这样的事情从动机上讲无可非议，但由于各种因素的影响，却产生了不好的效果。因此，只有了解一个人的动机，才能比较准确地解释其行为，并对行为做出比较准确地控制与预测。

4. **动机与效率**　动机与效率的关系主要表现在动机强度与工作效率的关系上。心理学的研究表明，中等强度的动机最有利于任务的完成，也就是说，动机强度处于中等水平时，工作效率最高，一旦动机强度超过了这个水平，对行为反而会产生一定的阻碍作用，如考试或运动员比赛，成功心切则会产生焦虑和紧张，干扰正常水平的发挥。

三、兴趣

兴趣在人的生活中有着重大的意义。健康而广泛的兴趣可使人体验到生活的丰富和乐趣，深入而巩固的兴趣可以成为事业成功的动力。

（一）什么是兴趣

兴趣是指一个人积极探究某种事物及爱好某种活动，并具有积极情绪色彩的心理倾向，是价值观的初级形式。它是人的认识需要的情绪表现，反映了人对客观事物的选择性态度。

兴趣是需要的一种表现方式，在社会实践过程中形成和发展，成为人对某种事物认识和获得的倾向性。随着积极的情绪体验，对个体活动，特别是认识活动有巨大的推动力。人们的兴趣往往与他们的直接或间接需要有关，一个人对某种事物感兴趣，就会产生接近这种事物的倾向，并积极参与有关活动，表现出乐此不疲的极大热情。爱因斯坦说："兴趣是最好的老师。"兴趣在人的实际生活中具有重要意义，可以使人集中注意力，产生

愉快紧张的心理状态,对人的认识和活动具有积极的影响,有利于提高工作的质量和效果。教育心理学认为兴趣是学习动机中最现实、最活跃的成分。兴趣对一个人从事的活动起支持、推动和促进作用,并且为未来的生活做准备。

兴趣在人的成长和发展中起很大的作用。首先,兴趣可以激发人的求知欲。凡是感兴趣的事物,必然力求去认识研究,从而获得相应的知识、技能,并使某种潜在的素质和能力得到发展。其次,兴趣能开阔人的眼界,丰富人的生活内容,促进个性的发展。再次,兴趣能促使人进行创造性的学习和劳动。高尚的兴趣,促使人们进行高尚的、对社会有益的活动;低级庸俗的兴趣,则对个人和社会都会产生不良的影响。

(二)兴趣的种类

人的兴趣有多种多样,可按不同的角度加以分类。

1. 物质的兴趣和精神的兴趣 根据兴趣的内容或倾向性的不同,可把兴趣分为物质的兴趣和精神的兴趣。物质兴趣是以人对物质需要为基础的,表现为对衣、食、住、行等物质生活条件改善的渴望。物质兴趣如果没有正确的价值观和人生观作指导,很容易使人发展为畸形的物欲。精神兴趣是在精神需要的基础上发展起来的,表现为对科学、文学、艺术等的兴趣,可以促使人主动积极地进行创造性的学习、劳动,发展创造能力。精神兴趣往往能表明一个人的精神境界和个性发展的水平。不健康的精神兴趣,可能把人引向堕落。

2. 直接兴趣和间接兴趣 根据事物的起因、事物的本身、事物的未来结果可把兴趣分为直接兴趣和间接兴趣。直接的兴趣就是对事物本身有直接需要而引起的兴趣,如对学习、劳动本身需要而产生的兴趣。间接兴趣是对某种事物或活动本身没有兴趣,但对这种事物未来的结果需要而产生的兴趣,如许多人锻炼身体,是因为意识到锻炼能使人身体健康,为了这个结果才对这种活动感兴趣。间接兴趣在一定条件下可以转化为直接兴趣。直接兴趣和间接兴趣可以相互结合、相互转化,对于个人的积极而有效的活动最为有利。

3. 高尚的兴趣和低级的兴趣 根据兴趣的社会价值和意义,可把兴趣分为高尚的兴趣和低级的兴趣。高尚的兴趣是指那些有利于社会、能促进个人身心健康发展的兴趣,如对求知创新的兴趣、对健康高雅的社交活动的兴趣等;低级的兴趣是那些庸俗的,使人腐化堕落、无益于社会健康发展的兴趣。

(三)兴趣的形成

兴趣是基于需要在生活和学习中逐渐形成的,会受到许多因素的影响,其中影响较大的有以下几个因素。

1. 年龄 年龄对兴趣的形成和发展都有很大的影响。一项兴趣发展的研究调查结果表明,一个人在进入青年时期,在对象和内容方面的兴趣会发生显著变化,不但内容丰富了,也显现出个性特点,进行体育运动、读书、爱好艺术等已不只是为了兴趣,而是向认知和文化追求的高度发展。

2. **性别**　性别也是影响兴趣的一个因素。一般来说，女性对具体的、个人的事物或活动较有兴趣，而男性多对抽象的、社会的事物或活动较感兴趣。从学科来讲，男生对理科的兴趣略高于女生，女生对文科的兴趣略高于男生。男性对时事、政治的兴趣高于女生。

3. **家庭和环境**　家庭以及所处的地域环境都可能对人的兴趣形成产生一定的影响，如许多的音乐世家、美术世家等。还有地域形成的传统文化特色，也容易形成地域兴趣的特点，如武术之乡、越剧之乡等。

4. **能力因素**　兴趣也会受能力的制约。人们对自己能够胜任的事情比较感兴趣，对自己比较薄弱、难于胜任的事情往往缺乏兴趣，甚至回避，这也是正常的自我防御的表现。青少年是能力形成和发展的关键时期，更容易形成良好的学习能力、组织能力及多方面的表现能力。而当人们感受到自己的能力及成果时，就会充满信心，进而对更多的事情产生兴趣以及产生探究问题、解决问题的强烈动机。

（四）兴趣的特性

1. **指向性**　人总是会积极地把注意指向并集中于感兴趣的事物。例如许多社会举办的艺术、运动项目等培训班，报名者是结合个人兴趣进行选择的，这就是兴趣指向性的表现。兴趣的指向性不是偶然地、一时性地倾向于某种事物，而是经常地、主动地去观察和思考某一事物，并渴望去研究和从中收获。兴趣的指向性是在需要的基础上发展的，人在某种需要得到满足的基础上又产生新的需要，这就使兴趣的指向也得到丰富和变化。

2. **广阔性**　兴趣的广阔性是指兴趣指向客观事物范围的大小。人与人之间兴趣广阔性的差别是非常大的。有的人兴趣范围十分广阔，而有些人的兴趣则十分狭窄。兴趣的广阔性会促进人们的求知欲，成为知识渊博的基础。

3. **兴趣的稳定性**　兴趣的稳定性是指兴趣的稳固持久程度。人与人之间的兴趣稳定性差异很大，有的人对自己感兴趣的事情能坚持或从事许多年，无论从中遇到什么样的困难都能克服，这类人在事业上易取得成功；有的人的兴趣则缺乏稳定性，一种兴趣还没有稳固，又被另一种兴趣所代替，这类人做事没有恒心，事业上也难以取得成绩。

4. **效能性**　兴趣的效能性是指兴趣对一个人的实际活动所引起效能的大小而言。兴趣在不同人身上产生后，所起的效用的大小是各不相同的。有的人的兴趣很容易变成行动，有的人则很困难。凡是能使人积极主动地学习和工作，并产生明显效果的都是积极的、有效能的兴趣。相反，兴趣只停留在口头或念头上，只具有一时的想法，不能真正落实到行动之中，则是消极的、无效能的兴趣。

（五）兴趣的培养

兴趣对人进行的各种活动起着推动作用，可以使人在快乐中求得学业的进步，取得成功。兴趣的培养应注重以下几个方面。

1. 明确目的性 生动、直观、形象的事物容易引起人的兴趣，但在学习过程中，有些知识的学习枯燥无味，需要付出意志努力。明确学习的目的可以知道为什么学习、学习与自身的发展的关系、学习与社会之间的关系，会增强学习的动力，在间接兴趣中找到快乐。

2. 注重实践 任何一件事情的成功都会让人体验到快乐和满足，进而激发进一步探究的欲望，产生兴趣。例如一个学生的数学成绩好，在学校的数学竞赛中取得好成绩，得到老师和同学的赞扬和认可，这就促使这个学生对数学的兴趣越来越浓厚进而产生更强的动力去提高学习成绩。

3. 确立切实可行的目标 每个人能力上的差异会带来不同的结果，形成不同程度的兴趣，建立符合自身能力水平的努力目标，在最大的可能性上获得成功，建立起自信心，使兴趣的程度更高。

四、自我意识

自我意识在个体对外界事物的认识和选择过程中起着非常重要的作用，因此成为个性倾向性中不可缺少的部分。

（一）什么是自我意识

自我意识是人对自己以及自己与客观世界关系的一种意识，它具有复杂的心理结构，是一个多维度、多层次的心理系统。自我意识在个体发展中有着十分重要的作用，是认识外界客观事物的条件，是人的自觉性、自控力的前提，是改造自身主观因素的途径。自我意识使人能不断地自我监督、自我完善。自我意识是人所特有的，但并不是与生俱来的，也不是一蹴而就的，它是在社会交往的过程中，随着语言和思维的发展而发展起来的，需经历一个从无意识到有意识、从不自觉到自觉的较长的发展过程，才能逐渐地成熟起来。

自我意识是个性社会化的结果，发展表现为生理自我、社会自我、心理自我三个方面。

1. 生理自我认识 是个人对自己躯体的认识，包括占有感、支配感、爱护感和认同感。这些意识是在与他人交往的过程中通过学习而形成的。

2. 社会自我认识 是个人对自己社会属性的意识，包括对自己的社会角色、权利义务的意识。社会自我认识随着年龄的增长，生活范围的扩大，学习社会经验的途径也越来越多。

3. 心理自我认识 是个人对自己心理属性的意识，包括对自己的感知、记忆、思维、动机、需要、行为等的意识，这些是相互联系、相互影响的。

（二）自我意识的形成

1. 通过与他人的交往来认识自我 自我意识不是一个人生来就具有的，它是个体在社会交往过程中而逐渐认识自己的。初生的婴儿没有自我意识，他们还没有把自己作为主体从周围世界的客观环境中分离出来，甚至不知道自己身体的各个部分是属于自己的，而随着成长会逐渐把自己的动作和动作对象区分开来，意识到自己是动作的主体。一个人在与他人交往的过程中，通过他人对自己所表现出来的态度，形成对自己的认识。

2. 通过自我观察来认识自我　自我观察有两种方式：一是直接感知自己的一些外在特性，包括自己形象、气质、自己的富有程度等；另一种对自己的心理进行观察，此时个体被分解为主体的观察者和客体的被观察者。实际上是对过去的自己进行回忆和整理，在这一过程中会产生情绪体验，这种对自己的内省是在少年期开始产生的。

3. 通过分析自己的活动结果来认识自我　通过对自己的活动结果进行分析和正确的评价，建立起正确的自我观念。活动的结果影响他人和集体的评价，从而影响一个人在周围人心目中的形象，也影响一个人的自我认识、自我体验和自我控制。

（三）自我意识的特点

青年时期是一个人成长的关键过渡期，这一个时期的自我意识的发展有着如下特点。这些特点与青年人的态度、行为选择也有密切的联系。

1. 关注"自我形象"和内心世界　青年人会更加注重"自我形象"以及自我体验，喜欢修饰外表，关注自我内心世界的变化，对自己在别人心目中的位置看得十分重要，常常发生在反省中观察、体会、评价自己的内心活动，随着年龄的增长其关注程度会逐渐增强。

2. 自我评价的独立性获得了发展　青年人开始摆脱对家庭的依赖，在评价标准上向同龄团体的评价标准取向过渡，并逐渐克服同龄团体的强烈影响，形成了相对独立的自我评价，表现出真正的个体独立意向，形成个体特有而明显的自我评价。

3. 自我调节能力明显增强　自我调节可分为被动的自我调节和主动的自我调节。前者是指由外在控制力作用引起的自我调控。后者是指由主体自设目标、自定要求的主动的自我调控。青年人自我意识水平不断成熟、提高后，自我调节水平和能力也逐渐发展起来。

（四）自我意识的培养

培养良好的自我意识，最重要的是建立自信心，能正视自己的优缺点。为此，应努力做到以下几点。

1. 培养自我接纳能力　自我接纳是指能正视自己的现状并接受自己。人的自我意识的形成发展离不开别人的评价和态度。一个人若经常得到别人的认可和鼓励，就会充满自信；反之，则会丧失信心，悲观失望。但作为一名青年人，要有自我评价、自我接纳和自我调节的能力。一个人要能相信自身有可贵可取之处，才能自尊自爱，不断努力去提高自己，完善自己，形成良好的自我意识。

2. 参与社会生活，培养自我认识能力　自我认识能力指的是既知道自己长处，也知道自己不足的能力。知道自己的长处，可以增强一个人的自信心，使之有勇气去克服困难，实现目标；知道自己的不足，可以有意识地加以克服或扬长避短，使劣势变为优势。因此，认识自己会有助于一个人形成良好的自我意识。

学习、工作、社交等活动为检验自我意识的正确与否提供了条件，在社会活动中，每个人都会有自己的体验，在实践活动中可以对自己各方面的情况作冷静、认真地分析和评价，检验以前对自己的认识是否正确，有没有过高或过低地评估自己。俗语说："金无足赤，人无完人。"每个人都会有自身的优势和不足，只有认识到这些，才能取长补短，发挥优势，获取成功，建立自信。良好的自我意识只有通过参与社会生活才能得到培养和发展。

思考与练习

1. 人格特性的分类有哪几种？
2. "需要"的特点有哪几种？
3. 请简述动机的功能。
4. 请简述自我意识的特点。

艺术心理学

课题名称：艺术心理学

课题内容： 1. 艺术心理要素

2. 艺术审美心理

3. 艺术创作心理

课题时间： 2课时

教学目的： 使学生了解艺术心理学中的基本内容

教学方式： 理论讲解

教学要求： 重点学习艺术心理学中的艺术创作心理内容

课前准备： 预习艺术心理学基础内容

第四章　艺术心理学

艺术心理学是现代心理学研究的一个独特领域，是研究有关艺术方面的心理特征和心理规律的学科，是探讨艺术作品创作活动和人们感受艺术作品过程中的心理规律，研究由艺术衍生出的艺术能力发挥、艺术情感发生以及艺术教育发展等方面的问题。德国著名美学家弗里德兰德曾经说过："艺术是心灵的产物，因此可以说任何有关艺术的科学研究必然是心理学上的，它虽然可能涉及其他方面的东西，但心理学却总是它要涉及的"。艺术是美的化身，从某种意义上说，艺术心理学研究的是"美"的创作和"美"的感知，这就涉及美学，所以艺术与心理学、美学三者之间有着不可分割的联系。艺术心理学的学习将会使我们了解艺术创造过程以及这整个过程的评价，并会最终对解决艺术的本质问题有所帮助。

学习艺术心理学对于模特艺术能力发挥、情感以及艺术发展等方面有着较为重要的促进作用。

第一节　艺术心理要素

艺术心理中包含着艺术创作者和艺术欣赏者的世界观、人生观、价值观、艺术观等抽象思维，也包含着艺术感知、艺术想象、艺术情感等意象思维，这些都是艺术心理学领域的重要因素，在艺术创作、艺术评论等方面有着广泛运用。

一、艺术感知

人们对客观世界的认识首先是从感知开始的。艺术创造和接受也是一样，人们通过各种感觉器官去感知外界的信息，并形成认识，在此基础上才能够对客观世界进行"美的创造"和"美的欣赏"。

感知开始于感觉。客观事物的信息直接刺激人的感觉器官，产生神经冲动，经传入神经传导到中枢神经系统，便产生视觉、听觉、嗅觉、味觉、触觉等感觉。艺术感觉是在艺术创作的过程中，客观事物作用于人的大脑而产生的对该事物审美层面的能动的反映。柏拉图说："美是由视觉和听觉产生的快感"。托马斯·阿奎那说："与美关系最密切的感官是视觉和听觉，都是与认识关系最密切的"。视觉与听觉之所以重要，是由于这两个感官接受信息的范围比较广，是意识之中信息的主要来源。知觉是在感觉基础上形成的对于对象的各种属性、各个部分及其相互关系的综合的、整体的反映。在知觉中，意识中形成的不是对象的个别属性的孤立映像，而是由各种知觉结合起来的完整映像。从艺术心理学和艺术创作的角度讲，知觉是我们在艺术实践中对艺术创作特性和规律认识的必要阶段，是艺术创作中对艺术对象的整体把握，对我们遵循艺术创作规律创作和欣赏艺术作品具有重要意义。

感知作为各种心理活动的基础，属于认识的初级阶段，在艺术创作和艺术欣赏中起着重要的作用。人们通过感知获取外界信息，为艺术创作准备丰富的感性材料。艺术感知有发生、发展和变化的过程，和许多心理现象密切相关。一般情况下，需要、兴趣爱好、好奇、动机等都能够在艺术感觉的产生中起到作用。

二、艺术需要

从艺术心理的角度来说，需要是创造积极性或动机的源泉和基础，即艺术创造是精神需要的主要组成部分。艺术创造的多样性和丰富性，能够满足艺术创造者感知客观世界，表达自我的需要，同样能够满足人们精神生活中审美、娱乐、求知的多种需要。

三、艺术兴趣

由于人的需要的多样性，也造成了人的兴趣的广泛多样。兴趣是在社会实践中发生、发展起来的，多次的实践活动又使兴趣得以持久和深化。一些模特在最初接触服装表演时，并非都有着浓厚的兴趣，而多次接触体验，则可能发现其中的美妙，使认识倾向变得积极起来，进一步发展成了积极从事这种活动的倾向——爱好。兴趣是需要的意识表现，是形成艺术感知的心理成分之一，对于模特从事服装表演活动起着导向、推动或促进作用。兴趣的个体差异形成不同的艺术感知，直接导致了模特展示能力的差异性。

四、注意

注意是心理活动对一定对象的指向和集中，是艺术表达与接受的焦点。俄国教育家乌申斯曾经指出"注意是一个唯心的门户，只有经过这一门户，外在世界的印象，才能在心里引起感觉来"。从这句话里可以看到注意对艺术感知的形成也起着不小的作用。一些优秀模特在认识和改进自身表演能力的实践活动中，面对外界多种多样的刺激，依然能够集中精力地专心致志从事工作，就是由于注意这种心理机制起着选择、保持和调节的作用。注意不只停留在艺术感觉的阶段，而是贯穿于整个发展过程的积极心理状态之中，因注意而产生的对艺术感觉的保持功能伴随模特生涯始终。

五、动机

在艺术心理中，好奇能够成为人的行为的内在力量——满足艺术探求、艺术欣赏的动机，对模特来说，正是由于艺术表达的需要，对事物产生好奇，才会被发展动机引导去展开进一步的理解、感受。动机对模特的艺术感知具有控制能力，使模特对事物进行清醒的分析和正确的评价，能够自发感觉客观事物的不同方面，为不同风格和目的的表演活动服务。

六、艺术想象

艺术想象是艺术创造者在创作过程中表现出来的以塑造艺术形象为目的的一种特殊的想象，是一种在过去积累的映像的基础上创造新的表象的心理反应过程。艺术想象是一种复杂的心理过程，它是多种心理功能一起和谐自由的综合运动。在艺术创作中，创作者通过对记忆中感知、表象的认识，发挥艺术想象，依据审美态度和情感创造性地加工、处理素材，才最终实现作品完美的呈现。艺术想象具有高度的思维自由性，不受时间、空间、人物、事物的制约。艺术想象的过程是对固有意象的整合过程，这个过程离不开平时积累起来的表象材料，并需要随时对其进行分析和组合，成为新的具体生动的意象。艺术想象往往伴随着艺术情感的参与，艺术情感唤起创作者的各种记忆，又推动了艺术想象的展开，进而创作出富有感染力的艺术作品来。

七、艺术情感

情感是艺术想象中的主要心理要素，艺术想象是在情感的催化下创造出超越生活的艺术形象，情感伴随着主观体验发挥着能动的作用。艺术情感是艺术心理的一种，人们在艺术创作和艺术欣赏中的态度体验就是其中的一种情感。艺术情感在服装表演艺术创作和欣赏中，具有重要的意义和作用。艺术情感包括情感补偿和情感宣泄两方面。在服装表演领域，情感补偿指的是模特及观众在服装作品的展示和欣赏中，得到社会现实生活中无法得到的体验，使自我感觉在艺术的世界中达到圆满。情感宣泄指的是服装表演艺术展示和艺术欣赏中具有的疏导和释放的功能。朱光潜在《文艺心理学》一书中提出"美不仅在物，亦不仅在心，它在心与物的关系上面……它是心借物的形象来表现情趣，世间并没有天生自在、俯拾即是的美，凡是美都要经过心灵的创造。"当人被充满美感的艺术所吸引时，必然经过了内心的创造，实现了情感上主客观的统一结合。

第二节　艺术审美心理

艺术审美心理指审美主体在实践活动中产生审美需要，进而在审美过程中表现出来的个体心理规律和特征。艺术审美心理可以表现出美学的一面。

一、艺术审美心理中的审美经验

艺术审美心理可以从艺术审美经验的角度来分析。美国著名符号论美学家苏珊·朗格在《情感与形式》一书中概括"审美经验与任何其他经验不同。对艺术品的态度是一种极为特殊的态度，这种特殊的反应是一种完全独立的情感，一种超乎一般乐趣的东西。它与人们由于现实环境所引起的愉快或不愉快无关，从而不被周围环境所左右，而与当代的状况相结合"。艺术审美态度是可以加以培养的。模特在表演实践中通过接触服装艺术设计作品，以及经过环境的艺术熏陶，有了艺术审美经验的根基，再加上自身的艺术审美情感，会逐渐形成特有的艺术审美态度。

二、艺术审美心理活动的意义

艺术审美活动可以打造精神影响力，而这种影响力通过艺术审美深入人的内心，可以完善人格塑造，提升精神境界；艺术审美活动可以形成一种特有的审美文化，是客观现实带给人类意识的一种主观经验，这种经验是随着不同的种族时代和文化而变化的机能。在这种审美过程中，由于审美心理的一致性和审美习惯的相似性，会形成特有的审美文化。艺术审美活动可以使人们摆脱心灵的种种束缚，叔本华讲人生的解脱，其中一种方法就是通过艺术，在沉浸于艺术的瞬间，忘记自我，忘记自我和世界的区别，在忘怀得失中摆脱意愿的控制。艺术能够使人得到精神升华和心灵净化，在这种过程中，摒弃种种不良情绪，暂时抛开烦恼，进入一种灵动自由的内心境界。

第三节　艺术创作心理

艺术创作心理侧重于理性的、认知的、科学的一面。艺术创作的心理过程，包含了感觉、情感、想象等诸多心理要素，同时概括了艺术创作的起始——培养艺术感觉，经过——进行艺术实践，以及结果——达到艺术境界的全过程。模特表演也是一个艺术创作的过程。

一、创作感觉

创作感觉，是在进行艺术创造活动中对客观现实和客观存在的反映，也是对自身之外包括创作条件、创作环境等一切客观存在的反映，是创作者在艺术创造过程中心理状态的直接体现。创作感觉的形成与外界刺激的强弱以及创作者的心境息息相关。

二、创作中的艺术思维

思维是借助语言、表象、动作对客观事物的概括和间接反映，是人认识世界的第一要素，而在艺术世界中，艺术思维也是第一个基本要素。在服装表演创作中，艺术思维是模特在思想中进行的对艺术的认识和反映生活经验的特殊思维活动，以生动感性的形象思维为主要特征，表现生活体验、艺术构思和塑造艺术形象的全部创作内容。艺术思维中一个重要的要素就是创造性思维，因为艺术创作本身就是种创造性的活动，是对客观世界创造性的认识和反映。创造性思维具有一般思维活动的特点，又不同一般思维活动。创造性思维是人类思维的高级形式，是多种思维的综合表现，是发散思维和组合思维的结合，也是直觉思维和分析思维的组合。简单地说，创造性思维就是以客观条件为基础，进行想象和构思，解决未曾解决过和预见的问题。

三、创作个性

创作个性指在艺术创造过程中形成的独有的心理特征，这种个性表现在艺术作品的面貌和艺术创造的行为过程中。在服装表演中，同样的服装，在不同的模特演绎下就会有不同的表现和韵味，模特对所穿着的服装风格和所代表的人物形象的创造中，蕴涵着这个模特独有的魅力，这些都显示出不同模特各具特色的创作个性。创作个性是一个模特区别于其他模特的重要因素，这种创作个性表现在表演展示中，往往使设计作品具有了独特的艺术生命力。创作个性是在一定的生活实践、世界观和艺术修养基础上所形成的独特的生活经验、思想情感、个人气质、审美理想以及创作才能的结晶。创作个性非一日可得，需要在艺术实践中培养、磨炼、充实和发展。

思考与练习

1. 艺术心理要素有哪几种？
2. 请简述艺术审美心理活动的意义。
3. 创作感觉是什么？
4. 什么是创造性思维？

艺术与表演
心理学

心理学在表演中的应用

课题名称： 心理学在表演中的应用

课题内容： 1. 舞台表演类别

     2. 演员与心理学

课题时间： 2 课时

教学目的： 使学生了解心理学在不同表演类别中的应用

教学方式： 结合并对比服装表演专业进行学习

教学要求： 重点学习演员与心理学部分

课前准备： 提前预习表演心理学理论内容

第五章 心理学在表演中的应用

艺术心理学继续分支，可以引出表演心理学。每一种带有表演特性的艺术类型，在艺术创作、艺术表现、艺术接受各个方面都和人的心理活动有着密不可分的联系。表演心理学总结和概括各种表演门类的心理现象和规律，细分表演心理学，包括音乐表演心理学、舞蹈表演心理学、电影表演心理学、电视表演心理学、戏剧表演心理学等。本部分主要提炼总结与服装表演相近的音乐、舞蹈、戏剧舞台表演艺术的心理学共性内容，旨在为模特提供参考。

第一节 舞台表演类别

一、音乐表演

（一）什么是音乐

音乐是表达人们的思想感情，反映现实生活的一种艺术，是一种将声音作为媒介，以时间流动性呈现的艺术形象，具有时间性和过程性的特点。音乐有其特有的艺术语言和表现手段，主要包括旋律、节奏、和声、复调、曲式、调式、调性等。音乐创作人通过音乐来传达思想感情，表现内心感受，演员在表演过程中调动欣赏者的感受力去想象与体验，在内心唤起一定的情感意象，从而完成音乐形象和音乐意境的塑造。音乐分为声乐与器乐两大类。声乐是以人声歌唱为主的音乐，器乐是以乐器发声来演奏的音乐。无论声乐还是器乐，都是创造悦耳的声音，使听到的人为之感动，产生各种想象和联想，激发情绪、情感的变化。

（二）音乐表演的情感表达

情感是艺术的灵魂。音乐艺术在本质上就是打造人们内在的情感空间，抒发人内心的情感。音乐对人的情感活动的作用，体现在音乐创造的意境里。美国著名符号论美学家苏珊·朗格认为音乐是一种非画面所能表现、非语言所能表达的"情感的形式"。音乐能直入人的心灵，不同旋律、节奏可以带给听众不同的情绪体验，使听众产生情感的共鸣。在音乐欣赏中，听众往往带有一种有意识的期待，并由以往的音乐经验、联想和倾向构成审美信念。音乐可以把听众的心灵引入一种意境当中，瞬间打造完整的情感空间，使心理机制处于活跃和自由的状态，并产生记忆与想象沟通、知觉与思维相连、再现与创造结合、认知与情感相融。

二、舞蹈表演

（一）什么是舞蹈

舞蹈是在人们日常生活的基础上，经过选择、提炼、改创、美化而加工形成的一种规范性的形体艺术表现形式。亚里士多德认为人的各种性格、感受和行动都可以通过借助姿态动作来模仿，这里所说的姿态动作就是指舞蹈的表现形式。舞蹈有自己所特有的审美价值，通过人的肢体动作，包括姿态、步法、眼神、手势的变化等，形成直观与动态地表达人们思想感情的艺术语言，以这些语言来塑造艺术形象，创造审美意境。舞蹈的内容和人的心理现象是分不开的，不论是表现民俗文化的民族舞，还是表现历史文化的古典舞，或是体现当今文化的现代舞，都是在通过舞蹈来描述人或人对这个世界的内心体验。

（二）舞蹈美的体现

舞蹈是和技术相结合的艺术，舞蹈的美体现在形式上，往往具有一种强烈的内在生命力量。舞蹈对人物性格、内心情感进行细致深入的描绘，体现出独有的、特殊的，具有技巧性、规律性、秩序性的美感，能给人以深刻和强烈的审美感受。舞蹈的美体现在舞蹈动作持续的变化和发展所形成的具体舞蹈形象之中，没有生动、具体、鲜明的舞蹈形象，也就没有舞蹈美。舞蹈形象的美还体现在它的感染力上，这种感染力契合了观众的审美心理和审美态度，引发了观众的美感体验。舞蹈演员必须借助舞台来完成艺术形象的塑造，对于同一个作品，由于表演者的理解和展示的差异性，以及艺术风格和表现形式的不同，会产生不同的艺术效果。舞蹈表演始终离不开音乐，音乐能够对舞蹈动作做出提示、对舞蹈情节和结构予以把握，还能够增加舞蹈的感染力和表现力。

三、戏剧表演

（一）什么是戏剧

戏剧是以舞台上演员的对话和肢体动作为主要表现手段，展现故事情节的综合舞台艺术。戏剧是文学体裁的一种，可以揭示社会矛盾，反映现实生活。戏剧包含多种艺术形式，因此人们称戏剧是"多元的艺术"。戏剧从广义上包括了话剧、戏曲、歌剧、舞剧、滑稽戏、秧歌剧、活报剧、木偶剧等形式；从狭义上讲，主要是戏曲与话剧两种。

（二）戏剧的特点

中国传统戏剧形式以戏曲为中心，西方戏剧则主要以话剧为代表。戏曲表演艺术具有虚拟性，是在融合了诗歌、音乐、舞蹈这三种基本艺术形态的基础上，孕育、形成、繁荣起来的，包含了文学、音乐、舞蹈、美术、杂技、武术和演员表演等多种因素的综合艺术。我国的戏曲种类很多，据不完全统计有三百多种。戏曲具有程式化特点，即在演员的角色行当、表演动作和音乐唱腔等方面，都有一些特殊的固定规则。戏曲还有虚拟化特点，传统戏曲中的演员多在没有景物造型的舞台上，运用虚拟的动作调动观众的联想，形成特定的戏剧场景。而话剧一直在西方比较活跃，中国的话剧到 20 世纪初才开始发展。话剧表演艺术是一种写实的艺术形式，具有现实性和真实性。

第二节　演员与心理学

舞台表演艺术需要塑造鲜明、生动的人物形象，体现和抒发人的内心情感，净化、启发人们的心灵。无论何种表演艺术形式，在以塑造角色形象为中心的表演中，作为审美对象和审美主体的统一体，演员的主体地位始终不可替代。表演艺术就是表现演员感知现实和构成现实形象的艺术。在表演中，人创造了艺术，艺术创造了美。心理学是行为和体验的科学，与表演有着相辅相成的关系。学习心理学对于演员增强自我控制能力、创作人物及演出都有着极大帮助。

一、演员的心理素质

素质的本意为事物本来的性质。演员的素质可以分为外部素质和内部素质这两种。外部素质指演员外部形象和声音、语言条件。演员除了要具备外在条件，还要具备内在心理综合素质，也称为表演才能，包括集中的注意力、敏锐的观察力、深刻的感受力、丰富活跃的想象力和超强的理解力，具备这些才有可能成为拥有强烈感染力的演员。

演员素质对注意力的要求是积极、稳定、意志集中。演员创作时需要有意集中自己的注意力，排除个人私心杂念、不良情绪和外界干扰等不利因素的影响，将注意力集中到对角色的体验和创造中去。演员的素质中对观察力的要求是敏锐、细致，观察力是演员的一项重要的基本功。观察力还包括对人或事物的感受、分析、概括、预见等综合能力。观察力的形成，需要演员刻意地去培养和锻炼。演员素质对感受力的要求是深刻、细腻、敏锐而真挚。感受力指的是情感、情绪的体验能力。演员在创造角色形象时，情感的创造是非常重要的，而创造角色情感首先要有相关的情绪和情感体验。感受力强的演员，比较容易把握住角色的情绪和情感，抓住人物性格特征，塑造出真实、有活力的人物形象来。演员素质中对想象力的要求是丰富而活跃的，就是改造已有的表象并创造出新形象的能力，这是演员应具备的一种极其可贵的品质。黑格尔在《美学》中说："最杰出的艺术本领就是想象。"艺术创作的过程只有通过想象才能够进行和完成。理解力是演员知觉的必要条件，决定了演员是否能把握人物形象和人物心理，使角色形象在头脑里确立与深入。演员只有理解了人物的内心世界，掌握了人物的心理特征和变化规律，才能刻画出鲜明、生动的人物形象。演员对性格特征的理解是基础，根据创作主题，从性格特征出发，才能挖掘人物性格的核心和根源，也就是把握内涵。理解力可以随着经验的积累而丰富。

演员的个人修养也是心理综合素质的重要因素，指的是演员在表演技术和现实生活认识上的修养，前者指的是艺术表现的手段、方法，后者指的是艺术表现的目的和灵魂。二者有机地结合，才能产生出真实而有效的表现。关于演员的素质修养，要求包括许多方面，比如模仿力、适应力，对艺术技能的掌握，文学、社会学、心理学、美学等各种艺术修养的积累，独特的气质，富有个性的表现力以及对表演艺术的激情和执著等。提高自身修养的过程是一个潜移默化的过程，只有在生活中用心学习、用心积累、坚持不懈，不断提升自身的修养，才能在表演艺术的领域里真正的有所造诣。

二、演员的感知

（一）演员的感知个性

作为一名演员，应该具备相对于普通人更深入的感知个性，才能适应角色创造的广泛性和深入性的需要。首先，演员应该具备感知的选择性，这是演员在不断积累经验、观察力、想象力和分析能力中形成的个性，体现了演员思维逻辑的独特性，演员创造角色就是要实现感知选择性的个性转变。其次是感知的稳定性，这是演员具有的一种稳定的自我状态的调节能力，表演艺术创造是一种艺术技巧，而非无原则的变形，就因为其所具有的稳定性。演员作为一个创造者，把握了角色的感觉之后，要使角色感觉保持住稳定性。最后还要具备感知的整合性，就是演员通过对角色局部的感知发展为对其总体的感知，从而推进对角色全面深入的感知，这对于演员有着特殊的意义，一旦缺乏整合性，就不可能实现角色的创造与欣赏。

（二）演员感知个性的转变

艺术的感知不同于生活中的感知，生活中人们是以感觉为前提的感知，而演员是以知觉为前提的感知。对于舞台表演艺术创造，演员不管从行动或是感觉入手，其最终会引出感知个性的转变。感知个性的转变对于表演艺术有两层意义。首先，感知个性的转变是决定演员心理活动特点的中心，一切内外信息、主客观信息和感知都将通过选择性筛选。感知选择性的变化，决定了进入心理活动的是角色的信息还是演员的信息，演员在创造角色中就必须实现感知个性从自我到角色之间的转变，要重建角色的个性就要依赖感知不断提供信息对个性进行修正，以及个性对感知的不断确立，这是一个感知与个性相互作用的过程。在这循环反复的过程中，无论是感知的选择性，还是个性的心理特点，都逐渐形成和实现相对的稳定性。其次，演员创造角色，实质就是将角色的心理特点纳入演员的心理活动中，使演员以角色的逻辑和习惯去行动，但是演员作为一个正常的人，有自己的逻辑、行动和感知，这就需要演员改变感知的选择性，实现演员的本色感知个性向角色感知个性的转变。

舞台表演中，在演员心中建立艺术的角色逻辑，是舞台表演艺术的核心问题。演员在实施角色的形体动作和语言的同时，通过反复地实施角色的心理行动和逻辑，最终实现角色的塑造。每个演员由于成长背景不同，所以形成了各自不同的逻辑个性。一个演员要创造多种角色就需要理解更全面的个性逻辑，要完善自身的逻辑，使之更有容纳多种个性逻辑的可能性。而且要学会逻辑的艺术规律，也就是符合人的自然性、现实性和艺术性的舞台表现性规律。

自我感觉是演员感知的重要组成部分，舞台表演的最终目的是实现演员自我感觉的变化，自我感觉平衡与否和平衡的程度直接影响演员的创造状态。在实现自我感觉向角色感觉转化的过程中，调动情感的参与是创造中的首要条件，而情感参与创造就是体验，所以体验的深入是自我感觉转变为角色感觉的基础。演员掌握了自我感觉的转化能力，实现了深入的体验，创造角色的艺术将使其体验到普通人难以想象的快乐。

三、演员表演的心理因素

（一）演员的表演创造心理

演员的表演创造心理，是演员在普通心理及其活动的规律基础上，根据表演创造的特性和需要，形成自己独特的创造心理机制和心理活动规律，是演员在创造角色过程中对角色进行认识和分析、体验和体现等具体的感知与反映。其中既包括演员本人的心理特点，还包括所要创造的角色的心理特征，这两个层面紧密联系，不可分割，形成了一个复杂的、双重性的心理过程。

演员创造角色有一个复杂的过程，因为不同的角色往往具有不同的性格和个性特征，演员必须经历一个复杂的心理接受、适应过程。从对角色的认识、体验和体现，到与角色融为一体，在"化身"于角色的整个过程中，演员会克服许多自己与角色在思想、情感和性格等各方面的矛盾，同时还要解决自己所处时代与角色所处时代的不同背景和生活状态的矛盾。在创造过程中，更要注意感受、体验与体现角色的思想与情感，产生和获得角色特有的自我感觉，展露和揭示角色的内心世界。

演员创造角色的心理过程，包括从认识角色到体验角色，再到体现角色，这是一个完整统一的心理过程。这个过程，实际上有两个层次，一是自身的创造，演员依据自己对角色的认识、理解和想象，以及对生活经验和逻辑性的把握，创造出完整的角色。二是与观众的交流，舞台艺术的创作离不开观众的支持，从艺术角度上看，舞台艺术是来源于群众又奉献于观众的，并且随着社会的文明进步在审美价值上不断提高。从美学的角度分析也是同样，观众的审美接受是舞台演出过程的重要因素，观众的作用是毋庸置疑的。演员的表演就是从观众的审美心理出发，体验舞台人物心理，用自身内在的情感引领形体动作的外化，再通过艺术化的表情、语言和动作，在舞台上塑造出直观的、富有感染力的、栩栩如生的人物形象，最终要把情感和思想传达给观众，将创造的角色展现在观众面前，等待观众的参与、检验和评价。演员创造角色本身就具有心理的复杂性，加上观众的因素，更加增添了演员创作心理的复杂内容。

（二）演员的心理状态

演员的心理状态非常重要，状态是一种相对稳定的心理形态，保持积极的创作心理状态，对表演艺术创作具有重要的意义。演员表演具有情感再现的特征，是指演员通过舞台上的动作、姿势、表情等肢体语言，表达内心的思想和情感体验，使观众能在表演中体会到美的意境和情感的共鸣。演员塑造角色，要充满激情，给角色贯注生命和活力，缺少激情的人物没有灵魂，也就没有感染观众的魅力。需要注意的是，演员在塑造角色中要学会控制，无论是情感还是在表演技巧中的眼神、表情、动作、姿态，都需要演员的理性控制和把握，要恰到好处，不能随性发挥，否则必然会影响到表演效果，失去表演对观众的吸引力。另外，演员需要保持对事物的敏感好奇，保持感觉的丰富和灵活。也就是说，保持有利于表演创作的天性，只有在这种状态下，演员的自身自我感觉和角色自我感觉才能更迅速有效地形成，演员的创作过程才会流畅、生动、充满灵感，创造出的角色才会显示出人物的真实和本色来。

（三）演员的真实感

演员创作过程中要有真实感，才能够使观众相信和认可演员的艺术创作。就像著名艺术家焦菊隐所指出的："在舞台上只有真实才会被相信，也只有能相信的才显得更为真实。所以演员必须在表演中努力追求真实，抓住真实，培养起对真实的敏锐感觉。"艺术是虚构的，但感觉是真实的。演员要相信自己就是真实的角色，建立和形成完整的角色自我感觉，创造出真实的角色形象。真实感的培养需要从"规定情境"中角色所处环境、角色行为特征、角色心理特点等进行观察，深入角色的世界，培养出演员自我感觉中的真实的信念，创造出能让观众认可和接受并产生审美体验的角色形象。

（四）演员的艺术感觉

艺术感觉是以艺术为感知对象的人的感知能力，是人的生活素养和艺术素养的总和。艺术感觉是作为演员创造技巧、提高自我修养的一种高层次的追求，这种追求对于演员是极其重要的。艺术感觉蕴含着演员最丰富、最细腻、最动人的审美体现，引导演员创造真正的艺术。艺术感觉可以判断演员的艺术创造和艺术水平，和演员的自身素质有着密切关系，包含了演员丰富的人生、社会和艺术的知识修养。艺术素质较好的人，常常艺术感觉也比较好,良好的艺术感觉常常出于良好的理解力、感受力和丰富的艺术想象力,而这些能力恰恰是深入体验角色所必需的。艺术是广泛的、无止境的,因而艺术感觉也是无止境的。

思考与练习

1. 演员的内在心理综合素质包括哪些?请分别加以介绍。

2. 请简述演员的感知个性。

3. 简述艺术感觉对演员的作用。

模特表演心理

课题名称：模特表演心理

课题内容：1.服装表演的感知过程

2.模特的肢体语言

3.模特的气质

4.想象力的作用

课题时间：10课时

教学目的：使学生了解与模特表演相关的心理学内容

教学方式：结合实例进行理论讲解

教学要求：通过学习掌握方法，用于自我分析

课前准备：提前进行自我分析

第六章 模特表演心理

艺术心理学探讨艺术创作、艺术欣赏的心理现象和心理规律，服装表演作为一种独特的艺术形式，也有其创造、表现、审美的心理过程。

第一节 服装表演的感知过程

感知，是感觉和知觉这两项心理因素的联称。审美主体对审美对象的个别属性如形状、体积、颜色、声音等反映在头脑中形成的主观印象，就是感觉；在感觉的基础上构成对审美对象意义的完整认识，就是知觉。感觉、知觉密切相连，都是对直接作用于感官的审美对象的反映，感觉越丰富，知觉越完整，知觉的产生又使感觉更加敏锐。服装表演艺术作为一种审美形式，无论从模特展示还是观众欣赏的角度讲，都离不开感觉和知觉这两个重要的因素。在服装表演过程中，服装、音乐、灯光、舞台环境、表演氛围等信息的刺激，可以将模特和观众的感、知觉积极调动起来。

一、服装表演活动中模特的感知

（一）模特表演活动中的感觉

培养良好的美感是提高模特自身素质的一项重要内容。俄国哲学家车尔尼雪夫斯基在著作《生活与美学》中说："美感是和听觉、视觉不可分离地结合在一起的，离开听觉、视觉，是不能设想的。"就是说美感意识活动不能脱离感觉，只有经过对美的对象的感觉，才能形成美的认识和感知。对于模特而言，美感是模特对舞台环境及自己的身心运动的综合感觉，它包括外部感觉、内部感觉和自我感觉。外部感觉是模特在表演的学习和训练中不断接收的外部信息，包括时尚流行信息、设计新理念以及表演技巧的理论知识和训练等；内部感觉是指模特自己的主观感觉，是对艺术想象、艺术情感和自我意象的感觉。模特在表演时经过外部环境和内心变化的适应和调整，建立起对服装表演从内至外的表演感觉，传送到肢体语言上做出连续的表达，在表演中则表现为高雅的气质、协调优美地动作和富于情感的表现力。本部分讲解与模特表演活动相关的外部感觉中的视觉、听觉和内部感觉中的动觉。

1. 视觉 视觉是人类最重要的信息接收手段，是通过眼睛、视传入神经和视觉中枢产生的，起到行动定向和行动调节的作用，一般人获取的外界信息中，至少有80%的信息来自于视觉。模特在舞台上利用视觉观察空间、方位和距离，尤其是多位模特同时在舞台上表演时，更是要通过视觉准确地判断自己的行动定向，以达到与同伴配合的默契。模特在舞台上的视野感就是通过视觉形成的，透过深邃、蕴含着能量信息的眼睛体现。视野感可以投射出模特文化内涵的深度、艺术修养的厚度，并与模特的气质和气韵交融在一起。模特缺乏视野感的表演是没有生命力的。

2. 听觉 听觉是通过耳朵、听传入神经和听觉中枢对声音刺激产生的感觉。模特在舞台上，除特定情境外，一般是有音乐伴奏的表演。听觉刺激可以通过中枢神经系统的兴奋扩散效应，诱发动觉中枢的兴奋，即听觉和动觉的联合知觉，从而使模特产生节奏感和情绪，并随之产生表演欲望。

3. 动觉 动觉也称运动觉或本体感受，它负责将身体运动的信息传递给大脑，使人对身体各部位的位置和动作有所知觉。动觉由肌觉、腱觉、关节觉和平衡觉结合而成。身体活动时，肌肉与肌腱的扩张和收缩，以及关节间的压迫，都会产生刺激并引起神经冲动，传入中枢神经系统而引起动觉。模特在舞台上的各种动作，如走步、转身、造型，甚至表情都与动觉有直接关系，动觉的培养和提高是发展模特表演技能的关键。

（二）模特表演活动中的知觉

知觉以感觉为基础，感觉到的客观事物的个别特征越丰富，对该事物的知觉也就越完整，知觉在一定程度上取决于主体的态度、知识和经验。知觉包括空间知觉、时间知觉和运动知觉。空间、时间和运动是一切事物存在的固有形式。服装表演是一种造型艺术，是一种空间、时间与运动共存的艺术，模特在表演活动中，要不断地并及时地对舞台上的各种变化做出准确的判断，并迅速做出反应。模特在实践活动中，通过经验的积累，知觉形象会变得更形象和丰富，同时模特的态度也会影响知觉的倾向性。

1. 空间知觉 空间知觉是人对物体空间特性的反应，包括形状知觉、大小知觉、深度和距离知觉、立体知觉、方位知觉等。舞台表演方位感是模特舞台表演的基础能力。模特在舞台上的每一个动作变化，都随时需要在空间知觉的帮助下进行，如行走到特定的位置、转身、与同伴的配合等。通过排练，模特要能判断舞台的状况，如舞台面积、长度、台中线位置等，以及同伴与自己的位置关系。模特在舞台上看到的任何一个物体或装置，应该立刻判断出它的形状、在自己的什么方向、与自己的距离有多远等。模特要按照编导的要求找准服装造型展示的最佳位置，确定站立或转身的展示方向，把服装的设计特点进行全面、充分的展示。服装表演中，因为每位模特行走的步幅大小不一，容易造成模特表演间距松紧不一的无序状态，所以模特要善于不露痕迹地控制、调整自己的位置和行走速度，熟练掌握表演线路以及形成模特相互之间的默契，这将直接影响表演的整体效果。

2. **时间知觉与节奏知觉**　时间知觉是对时间长短、快慢、节奏和先后次序关系的反映，它揭示客观事物运动和变化的延续性和顺序性。模特在舞台上的每个步伐、动作、造型以及与同台表演的模特之间的位置关系都与时间知觉有着重要的联系。节奏知觉也是一种时间知觉，客观上相等的各种时间间隔，有规律地配合并连续呈现，就会产生各种节奏知觉。模特表演时一般都有背景音乐，音乐是服装表演的灵魂，在服装表演中起着不可替代的重要作用，选择是否相匹配的音乐进行展示活动，决定着服装表演的成败。音乐节奏往往是模特控制自己步伐节奏的先决条件，模特根据音乐的轻重缓急等不同节奏完成相应的展示，节奏感强的模特才能在表演中表现得流畅自如。

3. **运动知觉**　运动知觉是对外界物体和机体自身运动的反映，通过视觉、动觉、平衡觉等多种感觉协同活动而实现。运动知觉的产生依赖于许多主客观条件，如物体运动的速度、与观察者的距离、观察者自身的静止或运动状态等。运动知觉有时会因环境变化产生错觉，如经常在小舞台上表演的模特，如果突然走上大舞台，就会感觉自己的走步速度比平时慢，这是一种速度知觉的错觉现象。在这种错觉的影响下，一些经验较少的模特就容易着急，表现出迈大步、加快节奏、急于走完全程的行为，从而使步伐与音乐的节奏不一致，失去了从容的表演状态。

模特的表演能力生成于长时间的反复练习，大脑皮层受到经常性的刺激，感知与动作反应相互联系并不断地相互调节，形成一系列动作定型。模特在艺术形象创造的过程中，表演技能越熟练，表达服装形象就越清晰，也越容易进入一种收放自如、炉火纯青的表演境界。如果一个模特的表演技能不够熟练，就很容易受外界干扰，出现意外的错误，也容易引起内心的慌乱，缺少自信。要想解决这一问题，必须加强平时的感知觉训练及表演技能的基础训练，在日常训练中注意控制心理上紧张和松弛的节奏，这样才能在舞台上使紧张状态转变为从容不迫，使机械化的动作结构变得生动化、个性化。对模特的感觉系统进行磨炼和提升，可以使模特的反应更加灵敏、应变能力更强，不断提高自信心、自我调整能力和表演技艺水平，还可以有效地提高对整体表演环境的把控能力和对外部信息灵敏的接受能力，把握自己的心理状态，克服不良因素的影响，形成良好的自我感觉和身体协调能力，高质量地完成对形体动作及面部表情的控制，使表演取得应有的效果。

二、服装表演活动中观众的感知

不论哪种表演艺术，它的生命力和艺术价值都来源于观众的接受和认可，正如俄罗斯著名表演艺术理论家斯坦尼斯拉夫斯基所说的："在没有观众的条件下表演，就等于在一个塞满了软质家具，铺着地毯，因而不能产生共鸣的房间里唱歌一样。"表演就失去了任何意义。

（一）观众的审美感知

在服装表演的欣赏中，审美感觉尤其重要，它是一切审美活动的决定性基础，观众通过看到舞台布景、灯光效果、模特塑造的形象形成视觉美感，通过背景音乐形成听觉美感，综合起来，这种以视听为主的感觉会形成观众的审美感觉。

服装表演是以形象吸引观众，通过形象引导观众去接受服装设计的理念，接受模特对"角色"的塑造，接受这门艺术。模特总是要通过外在世界的生活现象表现所展示服装的内涵，而观众则是通过作品所提供的生活世界的感觉去认知艺术形象。模特的表演会促使观众对展示形象认知过程的产生，形象的真实性在不同的观众心里涂上情绪的色彩，引起观众更为深刻丰富的联想，以及引发想象等思想和情感活动，把潜藏在心底的东西一一唤醒，达到一定的审美效果。观众对服装表演进行审美的过程，也是一种感知的过程，观众在接受模特所塑造的艺术形象时，并不是被动地简单接受，而是对它进行积极地、创造性地感知理解，渗透进自己的生活经验、知识积累和既有的情感认知，并运用形象记忆和情绪记忆去想象、领会和体验。这个过程称通常需要热情、注意力、感受、理解、联想、想象等积极的心理活动、分析和综合的思维，才能达到对展示作品的具体把握。观众是有自己的审美追求和要求的，基于各自受教育程度、文化背景、欣赏趣味等因素的不同，以自己喜好的方式进行欣赏，调动自己各方面的经验进行审美，形成各有特点的体验和感受。观众的艺术感受力、鉴赏能力是一种特殊的审美感觉，正是由于这种感觉的存在，才使服装表演的审美形成。观众在观看表演时的审美需要也可以被认为是为一种"自我实现"，因为它暗含"自我需要"的替代性实现，观众经常会把自己假想为T台上的人物，得到心理上的替代性满足。

（二）观众与模特的共鸣感

服装表演中，模特与观众的关系是水乳交融的，模特的表演和观众的欣赏构成了服装表演艺术活动的表现过程。通常情况下观赏服装表演是一种集体行为，观众来自四面八方，是一个群体，是许多人在一起共同感受，这个群体又形成了一个"场"，促使集体意识形成，这种意识和个人处于孤立状态时的感觉、思想和行动截然不同。就演出而言，模特和观众是相互依存的关系，模特一旦走上舞台，就置身于台下观众的注目之中，观众就在自己的身旁，目不转睛地观看。观众的反馈对于模特的表演心理起着重要的作用。服装表演的演出现场，往往还有一个特殊观众群体，就是媒体拍摄人员，模特可以最直接的在媒体拍摄人员的反馈中判断自己的表演是否引起观众的共鸣。当一位模特的综合造型和展示得到台下观众高度认可时，现场会出现频频亮起的闪光点和不绝于耳的快门声，这种热情回应一方面制造了良好的表演效果，另一方面更激发了模特充沛的艺术情感。

服装表演多数是在室内空间，环境是封闭的，但观众心理上却是开放的，一面在观看表演，一面在自己的心理展开各种联想。服装表演与戏剧表演不同，舞台上较少有实景体现，模特优美的姿态造型和步态韵律提升了服装的内涵，引发了观众丰富的联想空间，在内心形成了虚拟抽象的景外之景，体现出情景交融的艺术表演效果。

第二节　模特的肢体语言

一、什么是肢体语言

　　肢体语言又称身体语言，就是通过各个身体部位的运动配合来对角色进行塑造，身体语态、面部表情都属于肢体语言的范畴。肢体语言的目的是把无形的语言思维直接转化为动态的感官形象，来加强整体印象、增强表意效果。肢体语言具有非自觉性的特征，是看得见的情感外现形式，隐藏在意识中的情感渗透于动作之中。对于模特来讲，肢体语言的学习是必修课程，因为服装表演中模特的肢体语言贯穿始终，解读肢体语言在服装表演中的作用，可以帮助模特准确地找寻到精准的表演方式。

二、肢体语言在服装表演中的重要性

　　服装表演是模特通过形象思维的捕捉、提炼服装设计作品的形象，激发内在情绪情感、扩展思维空间，并通过肢体语言自然地在舞台上对服装进行诠释性表现的艺术形态，体现模特对面部表情、肢体动作、表演技法及表现力的深层表演驾驭能力的掌握。模特在展示的过程中，以最简洁自然的表达方式将其精神内核瞬间全部打开，以其气质能量、综合素养、情感意蕴、审美品位等综合表演素质，透过步态、站姿、表情等高度概括、塑造服装人物角色的气质内涵、穿着意境等，全方位地提炼出典型的艺术形象，模特的表演难度与高度就在于此。

　　尽管与舞蹈、戏剧等演员舞台表演形式相比较，模特的肢体动作内容相对有限，但是它发展和延伸出来的动作表现意义却很广，因为在服装表演中模特的每一个动作都有着特定的含义，正是这些带有特定含义的肢体动作，才使得对服装的诠释更加具体与深刻。个性化的情感表达是服装表演以及服装展示的灵魂，肢体是个性化表达的载体，模特情感通过可视觉化的肢体语言进行具体的体现，将设计作品的思想传达出来，使服装表演具有完整的艺术感染力。服装表演艺术中对模特肢体语言技巧的要求较高，若模特的表现力不足，就难以在内容上获得丰富的体验，但仅仅有激情的肢体语言是不够的，仍需要有控制、有节奏的表达方式，才能提高服装表演艺术表现力。

三、模特肢体语言的表现

　　服装表演是具有特殊性的艺术表演形式，完全依赖于模特的肢体语言。模特在表演中根据服装风格的不同，通过肢体语言充分表现出"冷""热""酷""清新""高雅""中性""沉稳"等个性特征。肢体语言使模特极富魅力和表现力，给观众以强烈的视觉冲击和愉悦的美感，更是为服装表演增添了许多色彩。

（一）台步体现的肢体语言

台步是动态的，是服装表演最基本的展示形式，情感变化就体现在步幅的大小、力度及速度中。在展示风格高雅的服装时，模特的步伐应该缓慢平稳，力度适中，避免速度过快，要给人一种凝练稳重、端庄大方的感觉。在展示休闲活力的服装时，步伐轻盈，情绪中流露出愉快喜悦的情感，给人一种生动、活跃的感觉。另外，行走中摆臂及髋腰摆动的幅度、角度与情感的热烈或沉静也有密切的联系。

（二）定位造型体现的肢体语言

服装表演中，定位造型的作用是模特在舞台上短暂停顿的过程中以相对静止的姿态对服装整体或特殊局部进行展示，集中表现服装的风格特点。造型是模特肢体语言当中变化最为显著的部分，有着很强的感染力与暗示性，可以反映出模特的内心状态和综合素养。在不同规定情境下的不同造型，所展现的肢体语言是有所不同的。服装表演时的造型是由颈部、肩部、胸部、腰部、髋部、腿部、脚部、臂部、手部等关节的复合型变化所构成，丰富的肢体造型与服饰构成和谐优美的统一体。造型还具有引导观众注意力的作用，例如手的支撑或摆放位置可以让观众的注意力集中在服装的细节设计和结构设计上。如果模特缺少肢体造型语言，再窈窕的肢体也无法完美诠释设计师艺术作品的内涵。

（三）面部表情体现的肢体语言

据研究，在人的信息表达中，有55%依靠面部表情，人的面部有24块表情肌，每一块都能传情达意。眉、眼、鼻、嘴等的任何细微动作变化都可以迅速、真实地反映出人的内心体验和情绪变化。

面部表情是服装表演过程中模特在台步和造型的基础上进行情感表达的另一重要元素，是肢体语言中最敏感、最丰富的部分。不同于舞蹈、戏剧等舞台演员，模特在表演时没有夸张起伏的情绪情节表达过程，而是将激情与力量积蓄在心里，有控制地把握好表情尺度，结合个性独特的气质风度形成对服装角色整体形象的塑造。服装表演中的表情是展示服装人物角色内在美的集中体现，通过表情与眼神让观众感受服装表演艺术的魅力，如面部肌肉放松表明内心轻松、舒畅；肌肉绷紧表明严肃庄重；上扬的眉毛表达愉悦的情感；紧闭的嘴唇有一种严肃冷酷的态度。在模特的表演当中，严肃冷酷的表情常被一些模特错误的理解，表现出冷漠、木讷和无表情，这样的模特数量多了，就会形成千人一面的表情，会使服装表演乏味无趣。在面部表情中，眼睛最能够直接地表现丰富的内心活动，眼神是模特内心情感外化过程中的主要工具，是表现的灵魂所在，眼神能够透露出稳重、愉悦、温柔等情感，所以，对眼神的运用能够提升和丰富表达作品的内涵。眼神的表现应为一种类似"自然天成"式的流露，这种流露往往会动人并具有感染力。要具备以上这些，除了平时在技巧上加强训练，与模特提高自身良好的艺术感觉及个人修养也有着极为密切的联系。

模特表演时的肢体语言表达都是从内心有感而发的，从服装表演角色的感觉、情感、情绪需要出发，采取相应连续的肢体动态语言，并在进行表演的过程中随时调整与变化，最终完成服装角色的完美演绎。模特内心有内容才会有源源不断的肢体语言的自然流露，而内容是模特从外部接受大量信息后整合存储在内心的。心灵内容充实是模特表演综合素养的根基，心灵没有滋养和感悟就不会有艺术表现力和感染力。要想成为一名优秀的模特，必须具备全面的艺术修养，不断提升自身内在的艺术表演的精神境界，这样才能形成有个性风范、风格多样化的艺术形象，娴熟自如地驾驭各种形象的塑造，也才能成为一名表演功底深厚、视野开阔的模特。

第三节　模特的气质

一、什么是气质

气质是人格的一个组成部分，是个人表现于心理过程中、不依活动目的和内容转移的、典型的和稳定的心理活动的外现特性。日常生活中的气质指人的风度、举止、风格。它是通过一个人对待生活的态度、个性特征、言行举止等表现出来的。

气质类型无好坏之别，任何气质类型都有其积极的和消极的体现。气质随着年龄增长、社会实践及个人主观努力的变化，在环境和教育的影响下可以改变。

二、模特气质的特征

模特的气质是将艺术创作中的形象美和平时积累的修养美自然地流露和体现，表现出优雅、稳重、高贵等特质。良好的气质不是一种故作姿态和刻意模仿，而是模特优秀的心理素质、深厚的文化艺术修养和高超的表演技巧等因素综合在自然统一的基础之上的。服装表演与其他表演在表现形式上有着很大的不同，相比较其他以舞台为表现空间创造的艺术表演如舞蹈、戏剧、音乐等，服装表演的表现形式受到一定的限制，模特不能有语言上的表现，也不能有过多肢体上的动作，所以模特的自身气质就显得尤为重要。

模特气质的特征具有以下几个方面。

（一）潜藏性

气质属于意识、精神领域的范畴，是隐藏在行为背后的一种感觉，具有一定的抽象性，让人觉得神秘、不可捉摸。

（二）外现性

气质赋予模特无以言表的美感、魅力。一颦一笑、一举一动都是模特的内、外修养达到一定程度之后的一种自然体现。

（三）稳定性

气质与其他个性心理特征相比更具有稳定性，是在先天高级神经系统活动类型的基础上，经过长期后天活动逐渐形成的，一旦形成就很难做到彻底改变，"禀性难移"即指气质具有稳定特点。气质的类型是多种多样的，一般来说，气质本身并无优劣，各种气质的模特都可以在职业领域内，通过努力做出自己的成绩。

（四）可塑性

气质的稳定性不是绝对的，在生活环境和教育的影响下，能够在一定程度上改变。一个人气质的形成涉及生理、心理、生活环境、习俗、文化、审美、知识结构等诸多方面的因素，通过后天的努力可以改变。模特经过长期努力可以提高认识能力、理解能力，使自己的内心变得更加丰富和充实，久而久之，举手投足间展现出来的气质就会得到提升。

三、气质对模特的重要作用

服装表演与其他表演形式有着很大的不同，模特只能通过步态、姿态、肢体造型、面部表情等体现艺术语言。美国福特模特经纪公司总经理艾莲女士说过："一个模特除必须具备形体的条件，还要具有区别于普通姑娘的特殊气质，就是一种置身人群，却能把你的目光强烈吸引过去的东西。"这就是气质，它既是模特追求的最高境界，也是成为一名优秀模特所必须具备的特质。

在服装表演艺术中，服装的情感色彩需要模特赋予，模特是展示服装的载体，模特的气质应与要表达的服装内涵保持一致。气质是模特在表演时展现出的整体艺术形象及良好的艺术感觉，是模特在专业实践中逐渐形成的、独特的审美感受，同时又是其整体底蕴的集中体现。虽然说，气质不是模特表演成功与否的唯一决定因素，但绝对是重要的因素之一。模特通过姿态动作、造型定位等形体肢体语言高度概括地、最大限度地体现服装设计作品的艺术魅力和穿着效果，而气质是模特展示服装内涵特征和风格特色的根基源泉，展现出服装独特的灵魂精髓，传递给人们视觉美的体验，给人们精神感观的愉悦。模特的气质与服装在互动中升华，在演绎中相得益彰、熠熠生辉。

四、模特如何提升气质

良好的气质能使模特和所展示的服装设计作品具有一种特殊的魅力、吸引力。气质本身传递着模特的内在精神，体现着模特的认知与感悟。模特的修养、品位、审美会通过每一个造型、转身、表情、眼神透露出不留雕琢痕迹的韵味，赋予作品艺术的生命力，体现出服装精神内涵的深度。为此，模特要持之以恒地努力历练、提升思想内涵、陶冶自身内在修养和努力提升高雅气质。

（一）正确把握表现气质的特征

把握气质特征是培养模特良好气质，提高表演能力的关键所在。气质的潜藏性和外现性、稳定性和可塑性的统一是培养和形成模特气质的关键。每个模特虽以某种气质类型为主，但决不会只限于一种气质类型，而是要扩大气质的容量，塑造不同的风格，充分展示自己的表演才能，这样表现服装作品风格和表达艺术个性的能力才能更强。

任何艺术均以塑造典型环境中的典型人物为根本，良好气质是塑造有灵魂的生动形象的保证。模特表演要经历一个由外到内、再由内到外、内外结合的过程，模特需要掌握服装展示的基本动作技巧、形体姿态等表演技术基础，再深入服装所代表的人物的内心世界，体验具体人物的个性特点，给身体动作以内心依据，这样才能在内心体验的基础上寻求最能表现其体验的外部形式，并找到其扮演角色的定位，这其中模特的气质直接影响着服装表演艺术的再创造和升华。一套服装穿在模特身上，模特要把舞台上看不见的、无法用语言表达但却构成人物形象精神实质的东西传达给观众，这才是服装表演艺术的实质。

（二）提高文化艺术修养

模特应该努力培养自己良好的气质。提倡模特要努力加强学习，不但要学习服装表演技巧，还要学习与之相关的所有知识，"腹有诗书气自华"，知识能够让人的气质与风度显现光彩。要做一个有心人，随时随地学习，尽可能地让自己的知识积累丰厚。在实践中还要不断地修正自己，要善于自我总结和听取别人的意见，要在一次又一次的实践中不断完善自己。

服装表演是对服装进行了一次再设计和再创造，模特的气质直接影响着作品的艺术价值和审美价值，一名优秀的模特能够赋予作品新的生命，完善和表达出其作品的艺术境界。同一切艺术创作一样，为了鲜明、深刻地塑造身着各类服装的人物形象，模特还要有一定的思想水平、艺术修养，必须具备深刻的理解力、敏锐的观察力、丰富的想象力和形象的表现力。在服装表演中，经常有一种现象，同一套服装，不同模特演绎，其效果差别很大。有些模特把握不住服装风格的变化，总是以不变应万变，导致表演千篇一律。还有一些模特在表演中故作姿态，装"深沉"、扮"高贵"、摆"酷"，表现肤浅做作。这样的模特也许因为形体及形象条件优势在早期发展顺利，但其职业生涯极易夭折，根本原因还是基本综合素质不足。模特的文化艺术修养是影响其表演质量和后期发展潜力的隐性因素。模特的价值创造本身，要求必须把提高自身的文化艺术修养放到第一位，从其他艺术中汲取营养，充实自己。要想成为一名有气质的、优秀的模特，应具备对音乐、文学、心理学、美学等各种文化艺术修养的积累，这对在服装表演中进行综合性的艺术创造，培养模特独特的气质、富有个性的表现力及表演艺术的激情有着不可或缺的帮助。模特尤其要注重提高音乐修养，因为音乐与服装表演的关系是非常密切的，模特表演动作的连续、节奏的变化、情绪的表现都有赖于音乐。音乐是通过节奏、旋律与和声等要素来表达情感，而模特则依据音乐的提示，用肢体动作及表情来传达时尚艺术，所以培养模特的良好乐感，对提高自身音乐修养是至关重要的。同时提高自身修养的过程是一个潜移默化的过程，模特只有坚持不懈、用心积累，才会不断加深自身的修养，也才会在行业领域中真正有所造诣。

第四节　想象力的作用

艺术、美都与形象有关，形象的东西不仅能引起人的感觉，而且还能引起人的想象。想象是通过思维对经验的改造，从而创造出主观上或客观上的新事物，在人的心理活动中有最普遍的显现。在心理学中想象作为一种心理活动，创造了人在过去从未感知过的现象。黑格尔说："想象是最杰出的艺术本领。"想象是艺术与美的本质、灵魂和精髓，无论是艺术创造或是艺术欣赏，关键并不在感觉，而是在于想象。想象是一种创造，加入想象的表演才是充满灵感的，反之则只会体现出模式化的刻板。高尔基说过"艺术靠想象而生存"，通过艺术想象，模特可从生活出发，再创造出超越于生活的理想的艺术形象，所以说艺术想象是模特进行艺术思维的主要手段和途径。服装表演中，模特借助于艺术想象并通过想象的转换而产生美感、情感和灵感。

一、模特想象力的来源

想象力是艺术创作的源泉。服装表演艺术的创作、表演和欣赏自始至终都充满了想象力。想象是模特进行形象思维的重要前提，是引导模特的先锋。丰富的想象力来源于模特生活中碎片化的点滴经历记忆，其中包括生活体验、理解、感受，还包括综合知识，如时尚杂志、广告，观看表演、展览等贮存在大脑记忆中的素材。模特根据记忆中各类因素的联想、拼合和加工后，产生新的形象思维，并依据艺术形式、表演形象需要从中提取，进入艺术构思的想象过程。随后在内心形成相应的情绪体验，并在规定情境下表现出相应的体验及动作，最终形成生动的舞台艺术形象。

二、想象的作用

在服装表演中，模特是艺术形象的直接体现者，创造性地将符合设计师要求的人物形象搬上T台，以"角色"为目的，从自我出发，经过对不同服装风格及服装背后所代表的人物的认知、体验、想象、创造，进入"化身为角色"的境界。模特上台表演前都有一个创作过程，而创作心理是一个突出的影响因素。除了展示服装所具有的功能性，创造"角色"形象是模特表演的最高目的。这就要求模特对所扮演的"角色"进行揣摩、体验"角色"心理、调控自我心理状态，在这一过程中，想象无疑起到十分重要的作用。例如，模特在见到自己所要展示的服装时，头脑中就应该想象服装背后所代表的人物形象、气质、身份和穿着场合、人物心理，有了这样的想象，表演才会更灵活、到位。

想象力对模特的表演技能的提高有着至关重要的作用。想象力使模特表演的思维活跃，艺术形象的塑造更加完美充盈、生动全面，可以将表演思维的想象空间尽可能拓宽，使其精神内涵、情感表达丰厚，并得以持续不断升华，最终完整全面地演绎服装风格。想象力的培养有助于模特更好地塑造各种服装形象风格，赋予服装生动的艺术感染力。想象力帮助模特充分表达丰富的内涵，以及提高在艺术表演领域中多方面的表演素质与技能，形成独有的气质能量"磁场"，也就是气场。模特缺乏想象力的表演定会是空洞乏味的。

对每个模特而言，心中都有一个想象出来的完美自我的"形象目标"，这种想象促使模特不断提升，从内在修养及外在气质升华上不断地进行自我形象完善，以逐渐符合心目中完美的自己。

三、想象的要求

加以想象的创作，必须既符合生活的真实与逻辑，又符合艺术的规律。想象力是不能凭空发挥的，是丰富的生活以及模特的心理体验和情绪记忆，结合大胆的创想与联想才形成的，而这一切是建立在丰富的艺术修养基础之上的。一名模特，只有通过不断的学习和积累、多实践和多训练，才能具备足够的想象力来丰富表演内容并增添表演素材，也只有通过大量的想象训练才能培养出良好的舞台感觉，具备更好的表演能力。

四、如何提高想象力

想象力促进了模特表演技能的成熟与发展，模特表演潜力也得到了全面的发挥和完善。但如果一个人头脑里没有任何记忆的储备，想象就是虚空的。所以模特应该多观察、多学习、多记忆、多思考，不仅要关注最前沿的时尚信息，了解国际的流行趋势和不同品牌的不同风格，还要广泛吸收文学、艺术类知识，把看到的信息和学到的知识储存在脑海中成为清晰而牢固的记忆，让这些素材积累成为艺术创作想象源源不断的源泉，为塑造各种服装形态的艺术想象力提供丰富的资源。如今时尚信息在不断地变化、发展、更新，模特在瞬息万变的环境中，应该拓宽思路，具备创造性的思维，使内在积淀丰满、从容深厚，才能形成鲜明独特的个性特征形象，转化为舞台上强大的气场，适应并演绎出更加丰富多彩的服装表演形态，使服装表演更加丰富多彩。

思考与练习

1. 请简述模特表演活动中的知觉分类及内容。

2. 请简述观众的审美感知过程。

3. 请简述模特肢体语言的表现。

4. 什么是气质？

5. 模特的气质特征有哪几种？

6. 请简述模特如何提升个人气质？

7. 想象力对模特的作用？

模特的人格塑造

课题名称： 模特的人格塑造

课题内容： 1. 模特人格塑造的意义及原则

2. 人格特质分类及健全人格界定

3. 如何塑造模特人格

课题时间： 2课时

教学目的： 学习模特人格塑造的相关内容

教学方式： 结合实例进行理论讲解

教学要求： 通过学习掌握方法，用于解决自身问题

课前准备： 提前进行自我分析并总结自身问题

第七章　模特的人格塑造

关于人格的基本理论，本书中第三章已有详细介绍，在此不再赘述。

人格决定一个人的生活方式，甚至决定一个人的命运。美国著名心理学家托尔曼曾经对 1528 名智力超常的儿童进行了长达 50 多年的追踪研究，结果证明，在成就最大的人中存在的共同特征是他们都拥有谨慎的性格、进取精神、自信心和不屈不挠的意志等。笔者通过对近年来国内优秀模特的调查了解到，他们在个性特质方面也具有一定的共性，如低焦虑、低神经质和偏外向的特征，在心境状态方面具有低紧张、低疲劳、低困惑，比一般人有更为自信、更具竞争性和高活力的特点，这些特点同积极的心理健康模式是一致的。一名模特要在事业上取得成功或在比赛中胜出，除应具备外在身体条件和技能条件外，更需要这些良好的人格特点，这样才能从众多竞争者中脱颖而出。

第一节　模特人格塑造的意义及原则

一、意义

首先，从模特的年龄阶段看，其身心发展已接近成熟却尚未完全成熟，人格塑造正处在关键时期，无论是人生观的层次性、价值观的取向性、情感的稳定性、意志的坚忍性，还是人际交往的成熟性都急需培养和提高。职业竞争带来的压力、人际的复杂、社会的浸染、未来发展的迷茫都将集于模特一身，稍有不慎，便容易迷失自我、陷入徘徊，从而失去方向与动力，形成一系列不良人格。因此，在这个关键时期，把人格塑造纳入整个培养体系中去，与专业能力培养并驾齐驱，才能为社会培养出高质量的模特人才。

其次，从市场及行业发展对人格的需求看，模特人格塑造势在必行。保守的教育方式导致很多人惧怕权威、克制有余，凡事隐忍顺从、谨小慎微、求稳求安等。这些人格特征已不能适应社会要求，新时代的时尚建设需求新型人格，与之相匹配的人格特征有：诚信、平等、合作、公正、独立、开拓、个性、创新等。

最后，从模特的心理健康状况看，人格塑造刻不容缓。模特行业的高强度工作及残酷的竞争压力使模特心理健康状况不容乐观。这些不健康的心理已严重影响到部分模特们的职业发展和正常生活，制约着他们身心的健康及专业才能的发挥。

心理健康问题尽管形式多样，但很多问题都与人格有关。心理学研究表明，不健全的人格常常是导致心理不健康的本质要素。加强模特心理健康教育，塑造模特健康人格刻不容缓。

二、原则

模特人格塑造应遵循以下几个原则。

（一）个性与共性统一的原则

世界上没有两个一样的人。人与人之间的差异是必然的，这种差异性更多地体现在个性方面，即个性人格。由于在特定社会中，人们接受相同的文化、相同的教育、加之社会要求的一致性，必然会使人们形成众多相同的人格，即共性人格。个性人格和共性人格构成一个人完整的人格。在人格体系中，它们相辅相成、相互补充。模特人格塑造也要遵循个性与共性统一的原则。

（二）全面教育的原则

全面教育的原则是指无论学校还是行业，必须有意识地利用一切教育资源，多方面、多角度地对模特实施人格教育。人格塑造是一个循序渐进的、复杂的系统工程，必须充分利用教育者、教育环境、教育内容、教育方法、教育媒介等诸要素，对模特人格施加全面影响，要形成教育的合力。

（三）理论和表演实践相结合的原则

理论和表演实践相结合的原则是指在模特人格塑造过程中，将理论和实践有机结合，形成内外统一的人格结构。人格特征既不是单纯的思想观念，又不是单纯的行为方式，而是知行统一的综合体。理论知识是人格塑造的前提，实践是将理性人格内化为现实人格的重要途径，只有把两种人格教育方式有机结合起来，才能使模特形成健全人格。

第二节 人格特质分类及健全人格界定

模特人格塑造首先要明确人格特质的类型，以及塑造模特健全人格的标准。

一、人格特质的构成因素

20 世纪 30 年代，美国伊利诺伊州立大学人格及能力研究所的卡特尔教授对两万多个与人格相关的词汇进行分析后，最终归纳出 16 个最能代表人类基本人格的特质，或者说是人类的根源特质的词汇。根源特质是一个和表面特质相对应的概念，表面特质是指外部行为能直接观察到的特质，不会随时间的改变而改变。根源特质是内在的，决定表面特质的最基本的人格特质，是那些稳定的、作为人格结构的基本因素的特质。16 种人格因素是各自独立的，每一种因素与其他因素的相关性极小，这些因素的不同组合构成了一个人不同于其他人的独特人格。任何复杂的人格，都可以分解成不同基本特质的组合。

（一）乐群性

乐群性具有热情对待他人，重视与他人交往的特质。乐群性较低的人通常表现出执拗、缄默、孤独、喜欢吹毛求疵的特点。他们往往喜爱独自工作，不轻易放弃自己的主见。做事严谨，对自我的要求标准常常很高。而乐群性较高者通常外向、热情、适应能力强。他们更喜欢和别人共同工作，参加或组织各种活动。不容易斤斤计较，能接受别人的批评，与陌生人交往可以一见如故。

（二）聪慧性

聪慧性反映了语言推理、数字推理和逻辑推理能力。聪慧性较低者通常思想迟钝、抽象思考能力弱，学习与理解能力不强；聪慧性较高者通常聪明，富有才识，善于抽象思考，学习能力强，思考敏捷。其中教育、文化水准较高，个人身心状态健康，机警者多具有较高的聪慧性。

（三）稳定性

稳定性是指对日常生活有稳定的知觉。稳定性较低者通常容易情绪激动，不能正确应对各种阻挠和挫折，易急躁不安；稳定性较高者通常情绪稳定而成熟，能面对现实，以沉着的态度应对现实困难。行动充满魄力，能振作勇气，具有维护集体的精神。

（四）恃强性

恃强性又称支配性，指力图影响他人的倾向性。恃强性较低者通常谦逊、恭顺、通融、容易迎合别人的安排；恃强性较高者通常好强固执，独立积极，自视甚高，比较武断，容易凌驾于弱者之上，或者和有权势者抗争。

（五）兴奋性

兴奋性是指具有寻求和表达的倾向。兴奋性较低者通常严谨、慎重、冷静、寡言，行动拘谨，表现消极阴郁；兴奋性较高者通常活泼、愉快、健谈，对人对事，热心而富有激情。但是有时也容易过分冲动，以致行为变幻莫测。

（六）有恒性

有恒性是指崇尚并遵从行为的社会化标准和规则。有恒性低者通常容易敷衍，缺乏奉公守法的精神及较高的目标和理想，对于社会缺少责任感；有恒性高者通常做事尽职负责，细心周到，有始有终，以是非善恶的标准作为行为指针，其缺点是往往缺少幽默感。

（七）敢为性

敢为性是指在社会环境中轻松自如的程度。敢为性较低者通常畏怯退缩，缺乏自信心，容易羞怯自卑，有不自然的姿态，不愿和陌生人交谈，凡事采取观望的态度；敢为性高者通常冒险敢为，少有顾忌，不掩饰，不畏缩，经历艰辛时有刚强的意志。但有时容易莽撞粗心，忽视细节。

（八）敏感性

敏感性是指个体的主观情感影响对事物判断的程度。敏感性较低者比较注重现实，能以客观、坚强、独立的态度处理当前的问题；敏感性较高者通常易感情用事，易受感动，易沉于幻想。有时过分不务实际，缺乏耐性与恒心。

（九）怀疑性

怀疑性具有喜欢探究他人表面言行举止背后的动机的倾向。怀疑性较低者通常依赖随和，易与人相处，无猜忌，不与人角逐竞争，顺应合作，善于体贴人，能为自己的生活和行为负责，对他人不会追根问底或好奇；怀疑性较高者通常刚愎自用、固执己见，对别人缺少信任，与人相处多怀疑，常斤斤计较，不顾及到别人的利益，通常表现得难以合作。

（十）幻想性

幻想性是指关注外在环境或内在思维的过程。幻想性低者通常现实，合乎规范，做事妥善合理，遇事斟酌后再做决定，不鲁莽从事，在紧要关键时也能保持镇静，但有时可能过分重视现实，为人索然寡趣；幻想性高者通常狂放不羁，容易忽视现实，只以本身的动机或当时的兴趣等主观因素为行为的出发点。可能富有创造力，但有时也过分不务实际。

（十一）世故性

世故性指保留个人信息的倾向。世故性较低者通常坦白、率真，思想简单，感情用事，与人无争，易心满意足，但有时显得幼稚、笨拙，似乎缺乏教养；世故性较高者通常精明能干、处事老练，行为得体。能冷静地分析一切，近乎狡猾。对于一切事物的看法是相对理智的、客观的。

（十二）忧虑性

忧虑性指保留个人信息的倾向。忧虑性低者通常安详、沉着、有自信心，不轻易动摇，信任自己有应对困难的能力，有安全感，能较快适应新环境；忧虑性高者通常忧虑抑郁，烦恼自扰，易沮丧悲观和患得患失，不善与人交往。

（十三）实验性

实验性指对新观念与经验的开放性。实验性低者通常保守、尊重传统观念与行为标准，缺少求新精神，反对新思潮以及一切新的变革；实验性高者通常自由激进，不拘泥于现实，喜欢检验现有的理论与事实，并予以新的评价，乐于接受先进的思想与行为来充实自己的生活经验。

（十四）独立性

独立性指融入周围群体和参与集体活动的倾向。独立性低者通常依赖并随意附和，不愿独立孤行，常常放弃个人的主见，需要集体的支持以维持其自信心，但却并非是真正的乐群者；独立性高者通常自立自强、当机立断，能够自作主张地独自完成自己的工作计划，不依赖人，不受社会舆论的约束，无意控制或支配别人。

（十五）自律性

自律性指以清晰的个人标准及良好的组织性对自己的行为进行规划的程度。自律性低者通常易与他人产生矛盾冲突，不能克制自己，充满矛盾却无法解决，生活适应性较低；自律性高者通常自律严谨，言行一致，能够理性地控制自己的感情行为。自尊心强，有时不免太固执己见。

（十六）紧张性

紧张性指与他人交往中的不稳定性、不耐性以及由此表现出来的躯体紧张程度。紧张性低者通常心平气和、闲散宁静、知足常乐，能保持内心平衡，也可能过分疏懒，缺乏进取心，很少感到对别人的不耐烦和不满；紧张性高者通常易紧张困扰、缺乏耐心、心神不定、过度兴奋。时常感觉经历透支，自我控制能力差，容易战战兢兢。

二、健全人格的界定

（一）哲学层面的人格

哲学层面的人格包括一个人的人生观、世界观、价值观、理想、信念等，是一个人的顶层人格。顶层人格既是人格形成的基础，又对人格形成起着统领作用。哲学层面的人格反映一个人对人生、对社会的基本态度和总观点，也反映了一个人的追求和信仰。面对当今模特行业激烈的市场竞争、多元文化的冲击、拜金主义的盛行、功利主义左右价值取向的现实状况，模特们更应思考人生、形成正确的观念，在思想上把握好人生的方向。

（二）道德层面的人格

道德层面的人格是一个人基本的人格素质，主要体现在模特与他人和社会的各种关系中。对自己，主要包括自律、自强、自爱、自信等；对他人，主要包括诚信、正直、尊重、宽容、友善等；对事业方面，主要包括求真、进取、敬业、创新等；对社会，主要包括遵纪守法、热爱国家等。此外，传统美德中的诸如"忠、孝、义、信"等也属于道德层面的人格。道德层面的人格是境界与情操的具体体现，也是社会化的基础。

（三）心理学层面的人格

心理学层面的人格主要指健康的人格。模特只有协调自己内部心理系统，才能最终达到心理平衡和人格和谐，促进模特更好地适应行业、适应社会，充分发挥自身的最大价值。心理学层面的人格主要包括：人格结构完整、和谐、统一；自我意识正确；理想与目标切合实际；具有良好的环境适应能力；善于从经验中学习；能保持良好的人际关系；能适度地表达和控制自己的情绪；在符合团体的要求下，能有限度地发挥个性；有充分的安全感。

第三节　如何塑造模特人格

一、认识健全人格的价值

认识并塑造健全人格的价值是模特人格修养的首要观念，模特群体作为时尚前沿的领先者，改善内在人格素质于己、于社会都是一种不可推卸的责任。认识健全人格就要理解其复杂性，人格是多种特质的有机整合，只有从整体出发才能了解个别特征的意义，世界上没有完全相同的两片树叶，也没有完全相同的人格，模特强调个性，但个性的发展是基于健全人格基础之上的。社会性是人的本质属性，我们绝不能抛开社会孤立、抽象地谈模特个体。模特应自觉地从对待自己、他人、工作和现实等各个方面入手，把外部教育和自我教育有机结合，养成个体性和社会性相融合的完美人格，外在追寻生命的意义，内在满足成长的需要。

二、树立性格优化的信心

树立信心是模特性格优化的前提，唯物辩证法认为事物的发展是内外因共同作用的结果，并且内因是事物发展变化的根据，外因只是条件，外因要通过内因才起作用。所以，性格的优化最终还是要落实到模特对自身的塑造上。符合社会发展要求的良好人格是在学习和生活的过程中逐渐习得的，并且这是一个长期的过程，需要模特始终抱有坚持优化性格的信心，确立目标，坚持希望，在这一过程中不断实现向优良性格的转变。

三、善于自我评价

自我评价和总结是性格优化的需要，模特要善于自省，通过对比理想自我和现实自我，从自身需求出发主动地去完善性格。对自身性格的优缺点和思想动态形成全面的了解，以此将外在的理性规范转化为自身内在追求。积极心理学强调每个人都有自己的长处，要发挥个体优势。

四、制订自我修养的计划

模特提高自我修养要落实到具体方法上，明确内容和目标，运用科学的方法完善自我人格，制订自我调节的计划。首先，可以运用权威的心理量表分析自身的人格现状和需要改善的具体方面，还要学会通过自省及时地发现自身存在的不足，进而激发内在动力。再者，吸收外界环境对自身的积极影响，在实践中刺激积极的人格力量，弱化性格中的不足，形成良好的社会关系。最后，还需要有一个自我反馈的过程，可以以一件事为节点，也可以以某段时间为节点，对自己的心理状况和性格优化程度有一个持续的把控，不断地强化积极品质。

在日常活动中有意识地培养是人格自我修养的有效途径。人格修养可以说是一个终身的过程，人格内化为信念，最终外化为合理的行为。性格的养成需要通过日常的学习、工作、生活、交往、娱乐、休闲等活动有意识地进行，在日常生活和演出实践中可以培养社会兴趣，有效利用情绪体验，在社会锻炼中接受教育与启发，促进知识向能力的转化，就会在提高实践能力水平的同时也提升人格修养。

思考与练习

1. 模特人格塑造的意义有哪些？
2. 模特人格塑造的原则包括哪些内容。
3. 健全人格的界定是什么？
4. 请简述如何塑造模特人格。

模特与心理学

模特的心理素质

课题名称：模特的心理素质

课题内容：1.什么是心理素质

2.心理素质的构成因素、特点及影响因素

3.模特提高心理素质的意义

4.模特提高心理素质的方法

课题时间：2课时

教学目的：学习模特心理素质的相关内容

教学方式：结合实例进行理论讲解

教学要求：通过学习掌握方法，用于解决自身问题

课前准备：提前进行自我分析并总结自身存在问题

第八章　模特的心理素质

第一节　什么是心理素质

素质的本意为事物本来的性质，在心理学上，指人的神经系统和感觉器官的先天特点，后来又被引申为个人具备的突出能力和修养。心理素质是人的整体素质的组成部分，是在自然素质的基础上，经过后天的环境、教育与实践等因素的影响而形成，并逐步发展的心理潜能、能量、特点、品质与行为的综合素质。心理素质不仅包括人们通常所认为的情绪、意志，还包括认识过程、情绪情感过程等内容。

马斯洛认为良好的心理素质表现在以下几个方面：具有充分的适应力；能充分地了解自己，并对自己的能力做出适度的评价；生活的目标切合实际；不脱离现实环境；能保持人格的完整与和谐；善于从经验中学习；能保持良好的人际关系；能适度地发泄情绪和控制情绪；在不违背集体利益的前提下，能有限度地发挥个性；在不违背社会规范的前提下，能恰当地满足个人的基本需求。

第二节　心理素质的构成因素、特点及影响因素

一、构成因素

心理素质包括心理潜能、心理能量、心理特点、心理品质与心理行为，这五个方面有机结合后，又都蕴含在智力因素与非智力因素之中。培养优秀的心理素质，就是要发展、训练和提高这些内容。

（一）心理潜能

潜能就是潜在的能量，常指人原本具有却没有被开发的能力。每个人生来都具有一定的潜能，只要努力都可以充分挖掘或发挥自己的潜能。潜能是人的心理素质赖以形成

与发展的前提条件或某种可能性。

（二）心理能量

心理能量也称为心理力量或心理能力。人是由身体系统与心理系统构成的，而这两个子系统是有能量的，前者为体力即身体之能力，后者为心力即精神之能力。心理能量是人的心理素质的体现，也是用意识来调节的能量作用，其大小强弱也能够反映出一个人的心理素质水平。

（三）心理特点

心理特点是指心理本身所固有的特性。人的各种心理现象具有不同的特点，如感知的直接性与具体性、思维的间接性与概括性、情感的波动性与感染性、意志的目的性与调控性等。心理特点也是心理素质的具体标志。

（四）心理品质

心理品质并非心理个体本身所固有，而是后天习得的。心理品质具有个别差异性，人与人之间各不相同。几乎每一种心理现象都具有一定的品质，如记忆的持久性和准确性、思维的时刻性和独立性、情感的倾向性和多样性、意志的果断性和自制性等。心理品质的优劣最能表现出人的心理素质水平。

（五）心理行为

人的行为无论是简单的还是复杂的，归根结底都受人的心理的支配，都是人的心理的外部表现。因此，从这个意义上说，人的一切行为都可以称为心理行为。这种心理行为是心理素质的标志，通过它可以检验心理素质水平的高低。

二、心理素质的特点

（一）先天性与后天性

心理素质在一定程度上受遗传性影响，但更主要的成因是后天受家庭、社会环境及教育训练的结果。

（二）共同性与差异性

人与人之间在心理素质的结构上是有共同性的，但在心理素质的水平上却存在很大差异，每个人都有其自己的独特性。

（三）稳定性和可变性

心理素质是在先天与后天的共同作用下形成的，在人的各种活动中长期发挥作用，具有稳定性。同时，任何一种心理素质在内外因素的作用下又都是可变的。

（四）客观性和能动性

客观现实是心理活动的根源，人在社会实践中形成一定的心理素质，其心理素质会影响和调节主体对客观现实的反映，所以说，心理素质具有能动性。

三、心理素质的影响因素

（一）智力与能力因素

智力因素主要是在观察、注意、想象、记忆的基础上，发挥思维的核心作用。能力因素主要是在组织能力、实践能力、适应能力的基础上发挥创造能力的作用。

（二）非智力因素

非智力因素包括人的动机需要、兴趣爱好、信念理想、气质性格、人生观、价值观、世界观等因素。

（三）心理现状因素

心理现状因素包括人们在社会生活中，如何自信、自爱、自尊、自律、自强、自立，如何通过自我评价、自我认识，以达到正确地接纳自我，不断地取得心理平衡，提高心理承受能力，从而达到良好的心理状态。

（四）社会适应因素

社会属性是人们的一个重要特征之一。一个人的社会化程度，决定了他的人际关系以及适应社会环境的水平。在此基础上，学习心理、竞争心理、责任心理、角色心理、事业心理都可能有所提高。

第三节　模特提高心理素质的意义

模特应具备相应的素质，其中包括良好的生理和心理条件，即通常所说的外部素质和内部素质。外部素质主要指模特的自身条件如形象、身材等。具备了外部素质的条件，只能说有了一定的基础和前提，决定模特成功的关键还在于它的各种内部素质，而内部素质也就是适应服装表演及其他模特从事的表演活动的心理能力，包括记忆力、想象力、敏感性、感受力等，所有这些素质，无论是单独或者组合在一起，都应当具有魅力，并且相互和谐的配合。

一、提高心理素质是模特全面、协调发展的前提

心理素质是个人整体素质提高的基础。一个人如果缺乏良好的个性品质、应有的心理能力，其发展就会缺乏应有的基础、强大的后劲、持久的力量源泉。一个人的心理素质是在遗传的基础上经过教育和环境影响以及自身实践锻炼而逐渐发展起来的。模特通过有效的心理训练可以提高心理的机能，更有效地开发心理的潜能。现代心理学的理论及实践都表明，人的性格经过外界教育与自我塑造，可以变得更加完美；各种心理能力经过训练和培养能够得到增强；人的需要、兴趣、爱好、动机也可以因心理素质的提高而得到激发和引导。因此，心理素质的培育对模特的全面和协调发展是必不可少的。

二、提高心理素质是模特健康、快乐成长的保障

健康的心理是人生幸福快乐的源泉。大多数模特由于年龄偏低，心理上不完全成熟，心理素质不高，认识问题和自我调节、自我控制能力不强，在处理面临的矛盾和冲突时，会因为遇到挫折和障碍产生恐惧和焦虑，造成心理压抑和紧张，出现种种心理问题，如改变环境的不适应、人际关系的紧张、理想与现实的矛盾等。此外，如果缺乏应有的心理素质，还极易因一些不良刺激而使心理失衡，甚至行为失控。因此，发展心理素质，使心理健康状况处于良好状态，才能使其良好的品格、高超的技能与健康的身体形成合力，使内在的潜能得到充分的开发，才会成为一名优秀的模特，并在其成长过程中体会到职业发展带来的乐趣。

三、提高心理素质是模特社会化的阶梯

社会、环境变化的加快，要求模特具有很强的适应能力；人际关系的复杂化，需要模特有更强的人际交往与协调能力；竞争的加剧，不仅要模特具有竞争的意识，还要有协作的精神；高强度的工作，要求模特有很强的心理承受能力和情绪调适能力。模特要想使自己获得更好的发展，就必须充分开发和有效运用自己的潜能，使自己具有自信、自尊、自强、自觉、自制和敬业、勤奋、吃苦等优良个性品质，具备自我认识、自我评价、自我设计、自觉行动、自我激励、自我控制、自我完善等心理能力。只有这样，才能更容易地适应社会规范和职业发展环境对自己的角色要求，更顺利地实现个体的发展。

第四节　模特提高心理素质的方法

实践证明，心理素质高低的决定因素是后天的学习、实践和锻炼。模特提高自身的心理素质的方法，主要是主动学习有关心理素质教育的科学方法，积极参加有助于提高心理素质的实践活动，利用生活的环境以及社会的资源，加强与他人的交流与合作，促进心理素质的自我发展、自我培养。

一、积极参加心理素质教育

心理素质的提高，离不开自身的积极性和主动性。所以，模特在发展心理能力因素的过程中，要充分发挥自身的主动性。积极参加心理素质教育课程、讲座、学术报告及心理社团活动，普及心理科学知识，这些都是促进心理素质的自我发展、自我培养和提高心理素质的重要方式。

二、发展健康的自我意识

模特的年龄正处在自我意识及价值观不甚稳定、仍具有一定可塑性的阶段，突出表现为有明确的自我观念、独立的意向性；观察、分析、解决问题的能力已有了较高程度的发展；自主判断性较强，不愿受他人干涉；自我评价趋于成熟；有一定的进取心、自信心，以及责任感、荣誉感等积极的心理品质。但同时，许多模特自我意识中也存在一些消极的一面，思维方式往往带有片面性和盲目性，具体表现为一些模特自视清高、盲目自信，一旦出现理想与现实的矛盾或认识上的高标准与行为上的自律的矛盾，就感到烦恼、懊丧、徘徊、阴郁。一些模特肤浅地吸收了各种价值取向，产生了多方面的心理冲突，往往以自欺欺人的自我保护为中心，获得了虚幻的自我价值感。

因此，模特要提高自身的心理素质，必须增强自我意识。自我意识是对自己身心活动的觉察，即自己对自己的认识。自我意识的成熟被认为是个性基本形成的标志，具体包括认识自己的生理状况（如身高、体重、体态等）、心理特征（如能力、气质、性格等）以及自己与他人的关系（如自己与周围人们相处的关系、自己在集体中的位置与作用等）。总之，自我意识就是自己对于所有属于自己身心状况的认识，是在发展过程中循序渐进进行的，在自我认识、自我体验和自我调控三种心理成分相互影响、相互制约的过程中发展的。促进认识自我、体验自我、调整自我和评价自我，既不能自轻自贱、自惭自卑，也不能自骄自傲、自我中心。"自尊、自信、自立、自制、自强、自爱"应作为模特自我意识发展的具体指标，"真诚、理解、信任、热情、友善、幽默、开朗"应作为模特个性完善的具体指标。模特如果能把自我意识的发展和个性的完善有机结合起来，不断地进行自我监督、自我教育、自我激励，就会取得更加明显的成效。

三、确立正确的人生观及价值观

培养良好的心理素质应该包含确立正确的人生观及价值观。每个人的人生价值都包括自我价值和社会价值。自我价值是对自身需要的一种满足，包括自我的生存保护、发展完善等；社会价值即人对社会的贡献。人生的价值是自我价值与社会价值的统一。

模特身处时尚环境，要正确对待时尚形成的双重效应。实践证明，时尚一方面促进模特形成创新、追求美好等积极观念；另一方面又易诱发和刺激唯利是图、虚荣利己等消极影响。所以，为形成良好的心理素质及综合素养，模特需要养成健康的意识，正确认识这一点可促使双重效应中的消极影响转化为积极的影响。

四、积极参加社交活动

社交活动是开展与人交流和互动的有效方式，也是提高心理素质的重要途径之一。模特通过积极参加社交活动，可以与社会保持良好的接触，更加深刻地认识社会，体验人生，促进心理素质的提高。经常参加社交活动可以有助于模特学习人际交往的技巧，提升认知评价和抗挫折承受力。

五、培养积极情感、兴趣和意志

情感对于人的活动具有调节功能，模特在培养心理素质的过程中，要重视采取有效措施培养对于学习和生活的积极情感。积极的情感能够增强人的活动的积极性，成为活动的动力；消极的情感会降低人的积极性，成为活动的阻力。模特只有对自己的学习产生了热情，才会有持久而强大的学习动力。其次，要激发自己的学习兴趣。兴趣是人积极地接触、认识和探究某种事物的心理倾向，良好的学习兴趣是学习动力的不竭源泉。再次，要在各种活动中磨炼意志。任何人在学习、工作和生活中，都不是一帆风顺的，总会遇到坎坷和挫折。意志薄弱的人，稍遇挫折，便止步不前。而意志坚强、心理素质过硬的人，能够克服困难、战胜挫折，实现自己的目标。

六、主动排除心理障碍

目前，社会成立了许多心理咨询机构，可以帮助咨询者进行分析、预测，积极开展心理辅导，宣泄心理压力，尽快排除心理障碍。也有一些咨询热线电话、咨询信箱、咨询网站等形式，为咨询者提供倾诉条件，及时发现心理障碍并给予指导。模特要学会利用这些资源，遇到心理问题时主动寻求帮助，主动消除心理困惑，预防心理疾病。

七、积极参加健康的时尚活动

服装表演领域是社会文明、时尚的示范场所和传播基地。在这里，模特应坚决抵制低级庸俗、浮华虚荣，传播较高层次的精神享受和文明熏陶。积极参加健康向上的时尚活动，会使模特经常保持在一种充实、愉悦的心境之中，这对于抵消那些不愉快的情绪体验，保持心理平衡，具有不可低估的作用。

八、培养良好的自律性

模特的职业生涯相对于其他行业短暂，这就要求模特在职业技能和综合素养方面快速学习和提高自己，学习与生活习惯是否科学规律，就体现了一个模特的心理素质和精神风貌，也是模特提高自身心理素质的基础。有些模特对这个问题缺乏应有的认识，熬夜、作息无规律几乎成为普遍现象，他们认为这都是些鸡毛蒜皮的生活小事，不值得大惊小怪，但这种认识应当被扭转，一个有理想、有进取心的模特，培养心理素质就应当从小事做起，应该养成良好的学习和生活习惯，形成良好的自律性。

思考与练习

1. 什么是心理素质？
2. 心理素质的构成因素有哪些？
3. 请简述模特提高心理素质的意义。
4. 请简述模特提高心理素质的方法。

模特与心理学

模特心理训练

课题名称： 模特心理训练

课题内容： 1. 拥有良好的意志

2. 树立职业发展的自信

3. 培养乐观的状态

4. 正确理解竞争与合作

5. 学会宽容

6. 学会谦虚

7. 学会感恩

8. 学会冷静处理问题

9. 内心充满爱

课题时间： 8课时

教学目的： 学习模特心理训练的相关内容

教学方式： 结合实例进行理论讲解

教学要求： 通过学习掌握方法，用于解决自身问题

课前准备： 提前进行自我分析并总结自身存在问题

第九章　模特心理训练

心理训练从广义上来说是有目的、有计划地对受训者的心理和个性施加影响的过程。从狭义上来讲是采用特殊手段使受训者学会调节和控制自己的心理状态和行为的过程。优秀模特的培养并非只是对模特进行台步、形体、舞蹈等方面的训练，还要注重模特的心理训练。模特心理训练有助于培养模特的竞争意识、合作精神以及正确对待成败的态度等优良心理品质，使模特在未来能够更加从容地应对事业发展中的各种挑战。心理训练能够帮助模特形成良好的个性心理特征、获得高水平的心理能量储备、提高处理危机和应付挑战的能力，使模特适应职业发展的要求。

模特心理训练是运用一些方法来提高模特的心理素质，培养良好的个性心理品质，从而使其在职业发展中保持最佳的心理状态，奠定良好的心理基础，最终实现个人能力的正常发挥，甚至是调动个人潜能的超常发挥。专业训练只能解决技术和技巧问题，而心理训练才真正能提高模特的艺术修养。

心理训练不仅可以促进模特表演技能的巩固和提高，而且还能增强必胜的信念和信心，尤其是对于在职业发展中遇到挫折的模特，心理训练可以帮助他们振奋精神和斗志，消除不利的心理障碍等。模特应该重视心理训练，因为服装表演不只是一种技术，更是一门艺术。只有多接触社会，多了解生活、各种时尚元素，多开阔视野，多丰富自己的情感体验，多提高自己的综合素质，才能使一名普通的模特发展成为真正的职业模特。

第一节　拥有良好的意志

本书中第二章（第三节）已经介绍过意志的基本理论，所以本部分不加以赘述，只就模特培养意志的方法和步骤加以介绍。

意志对于模特的学习、生活、成功、健康等具有重要的意义，因而培养模特优良的意志品质，对于模特保持健康的心理有重要意义。

一、模特培养意志的方法

要克服每一个障碍，都离不开意志，面对困难所做出的每一个艰难的决定，都必须依赖于意志。意志并非是生来具有或者不可能改变的，它是一种能够培养和发展的技能。

（一）明确意志的意义

意志品质对于在竞争激烈的行业中发展的模特尤为重要，从某种意义上说，竞争也是模特意志力的竞争。在现实生活中，有些模特并不是缺乏知识、能力，而是缺乏意志。意志的不足，阻碍了他们才能的发挥、潜能的开发，从而失去了很多机会。如果能提高意志品质，那么每个模特都可能获得更大的成功。所以，对意志的重要性认识得越清楚，培养、锻炼意志品质的自觉性和积极性就越高，就越容易有成效。一名模特能否自觉地确定目标，主动地迎接挑战，果断地抓住机会，勇敢地坚持立场，在困难面前不屈不挠等，都直接影响他的成功的概率。应该深刻认识加强意志锻炼的重要性，要不断健全意志，因为谁都希望成功，希望活得有意义——这就是意志的真正意义所在。

（二）树立理想的目标

最成功的人往往是那些有理想、有明确目标的人。列夫·托尔斯泰说过"理想是指路明灯，没有理想就没有坚定的方向，而没有方向也就没有生活。"模特应树立理想并为之而努力。有了远大的理想、坚定的信念、明确的目标，才能使自己的行动具有高度的自觉性和能动性。理想和目标会产生一种积极的动力，激励模特不畏艰难、百折不挠。

没有理想和目标的人终将一事无成。远大的理想和确定的目标是模特培养良好意志的前提。当然，理想的树立和目标的确立应该是正确的、有意义的、符合社会发展要求的，也必须与现实的学习与工作结合起来。只有把理想转化到现实的生活中，成为行动的指南，意志才有发展的可能。如果仅仅是不切实际的幻想，而没有行动，则理想是空想，目标是虚设，意志的培养也就是句空话。

（三）遵循科学的方法，循序渐进

锻炼意志品质，应讲究科学的方法，否则不但达不到目的，还易损害身心健康。锻炼意志，还要注意循序渐进，不可操之过急，"欲速则不达"。一般来说，将大目标分解成若干阶段式的小目标，这样的方式负担较轻，易于完成。而完成阶段目标，取得进步，对于个体来说又是一种积极的反馈，能增强自信心，从而更积极地实现下一个目标，由此进入一个良性循环。例如，对于一个性格内向、不善沟通的模特来说，想要使自己改变成为一个性格开朗、善于交际的人，切不可刚开始便过分强制自己去做一些超出本人身心承受能力的事情，若滥用意志力，个体可能会一时不适应这种新的行为模式，外界也会感到突然难以接受，从而使个体产生挫折感，带来新的适应不良现象。良好的意志不是一夜间突然产生的，而是在逐渐积累的过程中逐步地形成。

培养健全的意志品质与消除不良意志品质是相辅相成的。要善于把某种意志行为变为习惯行为，因为仅有一次意志行为，对于训练意志的稳定性或把软弱的意志变成良好的意志来说是不够的。消除坏习惯的过程就是培养意志的过程。

（四）从实践做起，从小事做起

意志品质是人们在长期的社会实践与生活中形成的较为稳定的心理素质，它在人们调动自身力量去克服困难和挫折的实践中体现出来。在模特生活、学习、演出活动和社会实践中都需要付出意志努力，个体意志的培养就蕴含其中。例如，模特的形体条件要求苛刻，形体训练就是锻炼意志的有效手段，不仅是身体运动过程，更是集心理、意志磨炼为一体的综合过程。模特自觉地、经常地、积极地进行形体训练，可以培养坚强、果敢、锲而不舍的意志品质和精神。值得注意的是，一个人意志的培养和体现不仅仅局限在挫折、困难、逆境中，对此，法国作家拉罗什弗科指出："取得成就时坚持不懈，要比遭到失败时顽强不屈更重要。"这一点对模特尤为重要，许多模特在年轻时出了成绩之后不能做到坚持努力和继续提高，导致职业生涯"昙花一现"。

从日常生活的点滴小事到艰苦、重大的工作，都是磨炼意志的机会。良好的意志绝不是一个人生来具有的，也不是在一朝一夕就可以培养出来的。人的意志产生于实践，也只能抓住机会，在实践中磨炼意志。

（五）不怕吃苦、持之以恒

由于每个模特的实际情况各不相同，所以培养意志品质的方式方法也应有所不同。然而无论是谁，都会不可避免地遇到挫折和失败，必须找出使自己意志涣散的原因，才能有针对性地解决问题。意志锻炼的过程艰苦而漫长，要不怕吃苦，要有恒心。正如孟子言："天将降大任于斯人也，必先苦其心志，劳其筋骨，饿其体肤，空乏其身，行拂乱其所为，所以动心忍性，增益其所不能。"居里夫人总结出一条生活经验："我最重要的原则是不要叫人打倒你，也不要叫事情打倒你。"任何情况下，都要克服困难、锻炼意志，精神不能被摧垮，意志不能松懈。

二、培养意志力的步骤

（一）克服畏难情绪

当我们遇到困难的时候，常常会产生畏难情绪，总想躲开、逃避。其实，有畏难情绪是很正常的事情，但成功者的选择是面对自己的畏惧，努力摆脱困境；失败者的选择却是顺从它，被它所控制。直面自己的畏难情绪，你可以发现它其实很快就会消失，你又会产生继续努力下去的勇气。

（二）制订方案

当摆脱畏难情绪，让自己重新平静下来之后，就要去考虑该采取怎样的行动。摆脱困境仅有勇气还不够，还要拿出具体的方案，否则只会让自己再次面临失败。让自己回归理智，想想该怎样做，采取哪些步骤可以帮助你去实现目标，并设想一下你的行动方案，方案要具体，目标要明确，有切实的可操作性。

（三）付诸行动

一旦确定了方案，想清楚了该做什么、怎样做，就要下定决心，付诸行动。一组改变实验者行为的实验结果发现，最成功的是那些目标最具体、明确的人。所以，不要用空洞口号来激励自己，如"我打算多进行一些形体训练""我计划多练练英语口语"。而应该列出行动的细节："我计划每天坚持形体训练半个小时""我计划每天晚上练习15分钟英语口语"，积极投身于实现自己目标的具体实践中，就能坚持到底。

（四）坚持

在行动的过程中，畏难情绪可能会成为阻力，甚至可能促使产生放弃的念头，这时，就要用意志力来保持行动，时时刻刻鼓励自己不要放弃，要"坚持，再坚持"，主动的意志力能克服畏难情绪，把注意力集中于未来，想象自己在克服它之后的快乐，然后一定会发现自己的畏难情绪会逐渐消失，行动会越来越坚定有力。有的人属于"慢性决策者"，他们知道自己应该做什么，但决策时却优柔寡断，结果无法付诸行动。

（五）保持乐观

意志力的培养，需要保持乐观的心态。如果把挑战和困难看成是一个苦差事，就很难坚持下去，如果把迎接挑战看作是一种快乐的工作，那么就会乐此不疲。总而言之，培养意志力所面临的最大挑战就是如何战胜自己。当意志力应用于积极向上的目标时，将会变成一种巨大的力量。如果决心去做一件事，不管有怎样的艰难险阻，都要坚持下去，这样，不仅培养了自己良好的意志力，也必然会获得成功。

培养和训练优良意志品质绝非一朝一夕的事，如同不良意志品质也不是短期内形成的一样，但水滴石穿的精神和天长日久的努力，终能培养出良好的意志。

第二节 树立职业发展的自信

一、什么是自信

自信是建立在对自我以及事物的客观认识上的一种积极心态，是发自内心地对自身能力、价值等做出正向认知与评价的一种相对稳定的个性特征，是个体自我意识的重要组成部分。自信是健康和成功的心理状态，是承受挫折、克服困难的保证。

自信的人深信自己一定能做成某件事，实现所追求的目标；自信的人具有积极的自我意识，能够不断进行自我激励、克服消极情绪，保持情绪的相对稳定，建立良好的人际关系；自信的人才能充分发挥自身潜力，更有效地学习和工作、战胜挫折，创造成功。可以说自信是个体走向成功的基石，亦是成功者必备的重要心理素质。

二、自信的作用

心理学家在对成功人士的研究中发现，成功人士与普通人不同的第一个特征就是自信。自信能使人产生勇气、力量和坚毅。自信的人会精力充沛，总是给自己信心和鼓励，也就会向越来越高的目标前进。缺乏自信的人往往胸无大志、会很轻易地放弃努力，并常常把恐惧、怀疑和忧虑藏在心底，总是低估自己，因此做不成大事。

自信可以通过神态、语气、姿势以及仪态等散发出来，使一个人由里向外地散发出魅力，这种魅力不是外表的伪装。自信会融入一个人的言行、举止，使得举手投足都在辅助语言所表达的信息。

自信能获得他信。在职场中，领导者往往信任那些有信念、自信的人，他们相信自信的人更能实现目标。自信能获得良好的人际关系，心理学研究发现，自信和善于沟通的性格是吸引和保持朋友关系的重要原因，因为自信，让别人相信你能把任何事都变成现实，所以愿意追随。

自信决非自负，更非痴心妄想。自信建立在自强不息的基础之上才有意义。有人不明白成功是由多种因素促成的，误以为有自信就一定能成功，而不去努力，最终一无所成。

三、模特职业自信的培养方法

自信不是与生俱来的，是需要培养的。

（一）培养自信意识

作为一名模特，应该努力培养和提高自信意识，让自信意识占据主导地位，重视自我，认识到相信自己的重要性，这是走向成功的关键。要在学习和演出实践中不断进取，即使在困难、挫折面前也满怀信心。发展积极的心理态度，采取有效地措施，坚信自己有能力、有价值，并坚信自己选择的目标，经过努力奋斗和争取一定能够实现，只有具备了这样的积极心态，才可能最终从行动上真正自信起来，也才能充分认识到树立自信意识在未来生活与激烈竞争中的重要性，从而主动、自觉地寻找和利用各种机会培养与发展自信力。自信意识的提高绝非一朝一夕之功，应通过努力使自信意识逐渐内化，要深刻意识到自信心的重要性，做到随时提醒自己自信，凡事都以"我能行"来鼓励自己，充满自信地去迎接挑战，一个人只有具备了自信意识才有可能不断地走向成功。

（二）客观地分析自我

首先，要形成对自我的积极认识，欣赏自己的优点和敢于正视自己的缺点，一方面能够肯定自己、相信自己，另一方面取他人之长补己之短，另外还要学会扬长避短，将最好的一面发挥施展出来。每个模特都希望自己形象和身材出众、有独特气质，但是现实中根本没有十全十美的模特，每个模特都有自己不足的地方，应该勇敢地接受自己的缺点、不足。世间的任何事物都存在不足，"金无足赤，人无完人"。每个人都是独一无二的，正如世界上没有两片完全相同的树叶，同样也没有完全相同的两个人，任何人都有属于自己的优、缺点，不必和别人比高低，也不要拿别人的标准来衡量自己，因为你不是别人，要勇敢地做自己。接受自己的同时，你会发现，别人也会更欣赏你，更乐于与你交往。

（三）进行正面心理强化

多与自信的、胸怀宽广、有志向的人接触和来往，有助于提高信心。不要常和悲观失望的人在一起，这样的人总是会释放负能量，会影响身边的人也萎靡不振。要学会原谅别人的错误和缺点，总爱批评别人是缺乏自信的表现。对别人取得的成就和魅力要勇于承认，并能由衷的致以钦佩和赞赏，不能故作冷漠，否则只能引起别人的厌烦，削减自己的自信心。不要总想自己的缺点和失败，有些模特总是将注意力集中在自己的缺点和不足上，结果导致越来越没信心，应该将注意力集中在专业技能、表现力、内在素质的提升上，具备了这些，有了自信的状态，即使还存在不能改变的缺点，往往也会被他人忽视或变成个人特点。多总结自己的优点和成就并发扬，不断对自己进行正面心理强化，"自信的蔓延效应"就会出现，这一效应对提升自信的效果非常有利。

（四）在实践中培养自信

自信是需要实践的，实践是滋生自信的土壤、奠定自信的基石。任何一次实践前都应该正确评估自己，对自己的知识、能力、情感做全面评价，然后尽量符合自身实际情况给自己制定通过努力能得以实现的目标，达到将某件事做到某种程度的心理需求。目标不宜定得太低或过高，定得太低，激不起奋斗热情，反而引起惰性；定得过高，超过自身能力，达不成则易引发"失败感"。长此以往会比较容易获得成功和彰显个性，自信也会自然生长起来。在不断地努力、勤奋、成功的良性循环中，自信就会从内心、神态、言语、姿势中自然地流露出来，周而复始，支撑自己克服困境，取得成功。

（五）发掘自我的潜能

每个人都拥有无限的潜能，有时甚至超乎想象。任何成功者都不是天生的，只要抱着积极的心态去开发潜能，就会有用不完的能量。相反，如果抱着消极的心态，不去开发自己的潜能，任它沉睡，那就只能叹息命运的"不公"了。在生活中可以随时听到有人说"我不行""我性格内向""我比较笨"，其实，这些评价都是强加给自己的，心理学称之为"自我标签"。现实生活中，很多人给自己无形地贴上了这种"标签"，因而使自己畏缩于这误区，经常处于自我挫败的状态之中。每个人的"自我标签"都源于过去的经历，所以很大程度上受制于旧的自我。但过去是可以总结经验并形成突破的，要挣脱思想上和经验上自我设置的框架，不要被固有的习惯性思维限制和束缚。开发自己的潜能，就要打破常规，冲破固有思想和固有经验的束缚，不断自我心理暗示，碰到困难时一定不会放弃。当面临的挑战越大，对自己的潜能挖掘得越充分时，就越可能获取成功。

（六）优化自身状态

1.**为自己树立自信的外部形象**　举止得体，行为端正；衣着整洁、仪表得体；谈吐清楚、条理清晰，这些会有助于自信心滋长蔓延。

2.**塑造良好的形体**　模特的形体很重要，很多模特因为不满意自己的形体而缺乏自信，但实际上每个模特都有各自形体上的不足，不要总是念念不忘，要努力通过形体训练改善，并通过着装技巧扬长避短。

3.**昂首挺胸**　人们行走的姿势、步伐与其心理状态有一定关系。心理学家认为，身体的动作是心灵活动的结果。那些经常遭受打击、被排斥的人，走路都低头含胸，缺乏自信。懒散的姿势、缓慢的步伐是情绪低落的表现，是对自己以及对别人不愉快感受的反映。所以，通过改变行走的姿势，有助于心境的调整。身姿昂首挺胸，步伐轻快敏捷，会给人带来愉快的心情，使自信滋生。

4.**注重微小的成功**　凡事都要有一个必成的信念，要对自己有充分的信心，对事态发展的前景持有乐观态度。要相信自己，自信是消除自卑、促进成功的最有效的方法，平时要注意及时抓住自信心的种子并积极培养，因为自信心是能通过一次次微小的成功来增强和得到升华的。

5.**保持自豪感**　内心要保持一定的自豪感，但要掌握好分寸，不可过度。不要过分贬低自己，这对自信心的培养是极为不利的。要不卑不亢，在学习、生活、工作中懂得扬长避短，经常抓住机会展现自己的优势、特长，同时注意弥补自己的不足，不断求得进步。

一个人最重要的就是内心，在人生的道路上，可能会无数次被逆境击倒，但无论发生什么，要明白他人永远不会使你贬值，只有你自己能决定。生命的价值取决于你的内心所想！

第三节　培养乐观的心态

一、什么是乐观

乐观是指一个人具有稳定的情绪、情感和坚定的意志，对周围的人与事物具有正面认知取向的心理品质。乐观的人自信坚强，有强大的内驱力，能理性辨别诱因，积极地看待挫折，辩证地对待得失。乐观是心理健康、成熟和强大的标志，在个体追求和体悟幸福过程中发挥着重要的作用。乐观者往往具有更高的生活满意度和职业成就。研究表明，乐观者比悲观者平均寿命长 19%。

乐观主义研究并不提倡盲目乐观，而是建立在个体对事物客观评估基础之上的、有限度的、能与现实之间寻求到心理和谐和平衡支点的乐观，这样的乐观才能赋予个体独特的生命意义和价值，从而保证个体能乐观地面对生活。

二、什么是心态

心态是个体所具有的心境。心态分积极与消极两种。积极的心态是以信心、希望、诚实、爱心等特征来表现的，它有助于人创造快乐、健康和成功。消极的心态常常表现为认知混乱、悲观、消沉、被动等。消极是失败、颓废的源泉，会限制人的潜能、摧毁人们的信心，使人的意志消沉，失去原动力，从而离成功越来越远。消极的人只会削弱自己的精神力量，打击自我积极性，降低创造力。成功人士与失败人士的主要差别在于心态。成功学的始祖拿破仑·希尔说："一个人能否成功，关键在于他的心态。"世界公认的潜能开发大师安东尼·罗宾也说："人生是好是坏，并不是命运来决定，而是由心态来决定。"

三、如何培养乐观的心态

积极的心态对于模特职业发展是很重要的。任何一件事情刚开始时的心态就决定了最后将有多大的成功，这比其他任何因素都重要。培养和加强积极乐观的心态可以从以下几个方面做起。

（一）意识到乐观心态的重要性

拥有乐观的心态能够减少负面情绪。即使遇到困难和麻烦，乐观心态可以帮助人不沉溺于负面情绪中，且能很快地恢复到正面情绪。正面情绪有益于身体健康，负面情绪则会引发身体疾病。将负面情绪转化为正面情绪，能够提升健康状况。乐观的心态不仅对身体健康有益，且能拓宽和激活认知能力，从生理角度上分析，积极的心态使得神经多巴胺水平上升，从而提升了创造力、专注力和学习能力。正面的情绪还能提高人们应对困难的能力，帮助人快速从消极事件中恢复过来，使人具备更强的抗打击能力，不容易被创伤和痛苦所击倒。意识到改变需要时间，和改善体力与健康一样，培养乐观心态也不是一时一刻的，需要持续的努力。

（二）培养乐观精神

多从事有益的娱乐与学习活动。生活中充满变化，对人的影响有好有坏，每一次发生变化，尤其是挫折的事件，不要躲闪、怯懦，也不要总想着找人援助，而是自己积极想办法，勇敢去面对。当情绪低落时，不妨看一本有启发性的书、听听振奋鼓舞人的音乐、看一部喜剧电影、也不妨去户外走走或找朋友相互倾诉，等等。改变习惯思维，不要总想着"我太累了""我太烦了"，而要积极地想"我休息一下就会好了""我知道我该怎么办"，不要在团体中抱怨不休，而要试着主动赞扬团体中的某个人。对于感到压力的问题，把问题分解，逐步击破，尽快解决。对于可能出现的问题，预先想好应对措施。要学会从压力中看到积极面，把困难看作增长阅历的机会，甚至是在困难中发现积极面，也要学会多角度看待问题，有针对性地解决问题。

（三）关注自己的情绪

经常自我观察，能有效地促进学习和工作，也能帮助培养积极的心态。记录并回顾每天发生的好或不好的事情。记录美好事物，包括开心、骄傲、感恩、平静、满足、愉快的事件，同时记录情绪和想法，有助于认清自身的行为和反应。经常回顾快乐的时刻，能提高应对困难的能力，心态自然会逐渐变得积极。记录负面事件及情绪，可以帮助整理情绪，努力从负面的事件中找到中立或积极的一面。生活不是一帆风顺的，每个人都会遇到困难，要耐心地学习将负面情绪转化为正面情绪，也要学习接受生活中的不美好。另外，努力提高、提升自己的优点，认清自己的优点，会产生更多正面情绪，也会更有能力应对困难。

（四）培养良好的人际关系

人是社会化的动物，每个人都具有亲近、接近他人，与他人交往并希望有人陪伴的内在需要。人际关系的重要性毋庸置疑，良好的社交关系对所有人来说都是一种支持的力量。一位著名心理学家曾经说过："人类心理的适应，最主要的就是人际关系的适应，人类心理的病态，也主要是由人际关系的失调而得来。"而人际关系的失调对于人们的学习、工作、生活，以及身体健康都有极大的影响和损害。古人说："大度集群朋。"一个人气度宽宏，与人相处能求同存异，才能产生凝聚力和感染力。《庄子·庚桑楚》说："不能容人者无亲。"一个不能容纳别人的人是没有朋友的。美国社会学家 G. 霍曼斯指出，人际交往实际上是个体适应社会、发展自身的一种重要手段。如果没有人际交往活动，就不可能有个体的和社会的发展。可以说，人际交往是个体和社会正常发展的重要动力。

在一场成功的服装表演中，虽然模特是人们关注的焦点，但是除了模特个人的表演技能和气质魅力起作用外，还与不同种类工作人员的付出有着密不可分的关系。模特如果不能做到认真配合，影响了表演的前期准备工作，就会直接或间接地影响到演出效果。而具备良好的人际交往能力，与不同的人处理好相应的关系，端正个人的思想，明白形象的创作是集体努力的结果，就会有助于模特集中各方面的力量，通过各个技术人员的作用发挥，激发出自己的灵感，帮助自己培养最准确的表演感觉。

加强人际关系可以注重以下几个方面：多参加集体活动，开拓自己的人际关系；结识新的朋友，多和乐观开朗、能带来正能量的人交往，和这些人建立更深的联系，可以获得支持，并有助于培养积极的心态；与人交往，要学会微笑，微笑是一种令人愉悦的表情、一种含义深远的身体语言，会让人感受到自信、友好，可以瞬间拉近彼此的距离，融化陌生和隔阂。当然，微笑必须是真诚的，发自内心的。想要发展良好的人际关系、建立积极的心态，一定要学会微笑，培养自己的幽默感，可以使自己变得更加的健谈，更加的有信心。

（五）关爱自己

多做喜欢做的、觉得开心的事情。照顾好自己，把自己调整到最佳状态，才有能力去关爱他人。客观地看待自己，不要过多担心他人的想法，不要用他人的标准来衡量自身价值，也不要和他人比较。不要对一件无足轻重的小事作出小题大做的反应，不把时间精力花在小事情上，因为小事往往偏离主要目标和重要事项。学会感激，对生活不要抱怨，拿破仑·希尔认为"如果你常流泪，你就看不见星光"。对人生、对大自然的一切美好的事物，要心存感激，则人生就会美好许多。

第四节　正确理解竞争与合作

一、如何理解竞争

竞争是一种广泛存在的现象，是基本社会关系之一，常指人们为了实现有利于自己的目标而对有限资源、机会的争取行为，或指个体、团体的各方力求胜过、超过对方的行为。随着社会生产力的发展、科技的进步，社会生活中更多地充满了竞争。竞争有利于提高个人工作效率和成长，也是互利的一种重要形式，竞争不仅有目标，而且有具体的内容。通过竞争，给竞争者带来一定的压力或危机感，可以提高竞争者各自的能力与水平，选拔出对竞争目标更有益的竞争者。模特大赛或模特演出面试就是竞争的体现。但如果在竞争中经常遭受失败，则会使人产生挫折感、失败感与自卑感。所以，在竞争中可以设有多种标准，参加竞争者可以根据各自的具体条件，提出自己的奋斗目标，努力争取胜利，获得成功感。

当前模特行业从业人员越来越多、模特的职业生涯逐渐缩短，导致竞争越来越激烈。有竞争就有压力，无论在竞争中获得成功还是遭受失败，人人都要承受压力。很多模特心理适应能力差，在竞争面前感到不习惯、缺少安全感，甚至产生胆怯、不敢参与竞争的心理。模特要立足于社会并在行业内得到好的发展，就要克服被动、消极的心理状态，主动适应环境的变化并能勇敢地面对，所谓"适者生存"是具有普遍意义的。一个模特要想在行业中求得自身的存在和发展，就必须加强竞争意识，不断提高竞争技巧，寻找竞争机遇，才能达到竞争的目标。这就要注意培养以下一些素质和能力。

（一）学会"表现自己"

"表现自己"并不是炫耀自己，而是学会在最佳的时机恰如其分地表现出自己的才华与特长。

（二）锻炼沟通能力

培养自己高雅的言谈举止和落落大方的气质风度。锻炼自己良好的沟通能力，沟通能力是一种修养、才能和艺术的综合体现，是拓展实际交往和增进发展机会的重要手段。另外，一定要待人真诚，决不能靠欺诈、谎言、弄虚作假来取得成功。

（三）提高抗挫折能力

大多数模特都有过在面试中落选或在比赛中失败的经历。一些模特因为失败和挫折而否定自己，认为自己不具备继续从事模特职业的条件而停止努力。其实有些失败往往是因为模特经验不足造成的，这些经验不足除表演技巧方面，往往还包括对各类面试及不同大赛性质了解的不足。所以要在失败中总结经验，学会有的放矢，做到有针对性的充分准备，这就会大大提高自身的成功率。

（四）提高学习能力

要不断掌握新的信息和学习新的知识以适应社会进步和时尚发展速度的加快。要学会珍惜时间，不断充实自己，只有付出比别人更多的努力才能获得比别人更强的竞争力。

（五）容纳竞争对手

在竞争中，即使处于劣势，也应该持容纳态度，不要跟自己或对手过不去。容纳对手，也是对自己实力抱有信心的表现。在竞争中，对对手的容纳往往可以使前进道路上的障碍越来越少，而获取新的成功的机会将越来越多。人生并非是走独木桥，人的成功道路也绝非一条。在竞争中，针锋相对是进攻，退让也往往积蓄着更大的力量，是一种更高水平的进攻。

二、竞争与合作的关系

现代社会人与人之间形成各种共生关系组成的动态系统，互动越来越多，人们总是处在竞争与合作的状态之中，有竞争，也有合作，往往两者并存，从而使社会生活变得千姿百态。竞争与合作是密切相关的。只有竞争，没有合作，竞争会缺乏潜力；只有合作，没有竞争，合作就缺乏活力。竞争与合作是相辅相成、密不可分的。竞争离不开合作，竞争获得的胜利往往是某一群体内部或多个群体之间通力合作的结果；合作离不开竞争，人们通过合作取长补短，既可以发挥个人的优势，又弥补了个人的缺陷，这是在竞争中获胜的前提，没有竞争的合作缺乏生机与活力。一言以蔽之，在合作中有竞争，在竞争中有合作，这是提高个体核心竞争力的关键。正确处理竞争与合作的关系，使公平竞争与友好合作相得益彰。竞争会促进合作的广度和深度，合作又增强竞争的实力。正是这种竞争推动了竞争主体和人类社会持续向前发展。

作为一名模特，既要培养竞争、提倡竞争、保护竞争，又要加强合作、提倡相互关心、相互帮助。懂得顾全大局，集体利益为重，学会与人共事，只有正确处理好合作与竞争的关系才能够真正地建立人际和谐。

三、培养合作精神

合作是在社会互动中，群体成员之间为达到对各方都具有的共同目标而彼此相互配合、相互促进的一种联合行动。合作能有力地协调人际关系，提高工作效率。

作为一名模特要学会合作，就要学会真诚、谦虚、宽容、友善。要善于与人和谐相处、平等相待、善于理解、尊重、信任和帮助他人。要学会欣赏他人、心胸宽广、目光长远，还要不断提高人际交往的能力与主动参与意识。合作意味着人与人之间认识上的趋同、行为上的协调。模特要具备较强的生存能力，除具有分析解决问题的素质，还要在合作中发展自我，要与他人和平相处，为他人和自我生存创造宽松的环境和条件。

模特在一场服装表演或拍摄中，除了通过个人的表演、造型技能和气质魅力展示服装，还要做到与编导及助理、模特管理人员、设计师、摄影师、化妆师、舞美制作人员、穿衣工等不同种类工作人员的密切合作。如果模特没有很好的合作精神，就会直接或间接的影响演出效果，所以模特在心理上要端正个人的思想，明白形象的创作是集体努力的结果。端正了这一点就有利于集中各方面的力量，通过运用各个技术部门的作用发挥，激发出自己的灵感，帮助自己发挥最好的展示效果。

合作可以加强工作或学习活动的动机，使群体成员相互了解，产生鼓舞、激励的作用。合作的目的不仅仅是人与人之间和睦相处、礼貌相待，而且要相互促进、相互提高、共同发展。

社会心理学研究表明，人们在工作和生活中大约有15%的时间用在人际关系和冲突后的情绪体验上，在模特行业这一比例更高。群体中成员之间的关系紧张或冷漠，都会分散人们对各自的工作任务和共同活动的注意力，并造成不必要的精神消耗。如果能相互理解、协调一致，则可使成员在工作中形成彼此间的最佳配合，进而由此产生满意、愉快的情绪体验。

作为一名模特，应该做到守信、诚实，在合作中，要看得到别人的长处，看得清自己的不足，取众家之长，补己之短，逐渐完善自己。有意识地培养良好的合作竞争心态，以诚相见、以礼待人，主动地改善与他人的关系，与他人交流思想、交流情感。人际交往中，个人的权利、义务和人格是平等的，人与人之间相互独立，要尊重他人的自尊和感情，不干涉他人的私生活，不践踏他人的人身权利。要学会尊重他人独特的素质与个性，容纳别人的个性和缺点。

第五节　学会宽容

一、为什么模特要学会宽容

宽容是人特有的一种涵养，是一种积极的人生态度，是自我解脱、发展的需要。宽容也是一种仁爱的、高贵的心理品质，是一种崇高的、宽广的胸怀，是一种生存的智慧、生活的艺术。

生活中每个人难免会与他人产生摩擦、误会、甚至仇恨。"退一步海阔天空""得饶人处且饶人"都在说明一个道理，人与人之间的交往需要大度和宽容，针尖对麦芒于事无补。一个不会宽容、只会苛求别人的人，其精神往往处于紧张状态，使心理、生理处于不良循环。只有宽容可以融化人内心的冰点，可以避免人与人之间的正面冲突和交锋，能溶解隔阂与仇恨，使大家精诚合作。做人要有博大的胸怀和旷达的气度，它不仅包含着理解和原谅，更显示着气质和胸襟、坚强和力量。《庄子·庚桑楚》中的"不能容人者无亲，无亲者尽人"启迪人们应以宽容的态度待人。

对自我的客观了解与认识，是模特形成健康个性的关键。面对激烈的市场竞争，一个模特必须有宽阔的胸襟，才能保持良好的职业状态。然而，在一些模特的职业发展中，因自我认识的不足会出现各种问题：有些模特故步自封，不懂得或不善于对外开放自己，形成自卑或自负的心理；有些模特狭隘和嫉妒，不懂得欣赏和包容；还有些模特缺少容人的雅量，斤斤计较个人得失。古人云："海纳百川，有容乃大。"宽容的心境，是一种深厚的涵养和境界，它能陶冶人的情操，使人气质高雅、神态安宁。与人相处，要温良敦厚，从某种意义上讲，宽容别人就是善待自己，也能使自己进步。人们最容易犯的错误是对自己过于宽容，对他人则过于苛刻。但若想别人宽容自己，就应该先学会宽容别人。宽容不仅是为人的胸怀，而且还是处世的经验、待人的艺术。从这个意义上讲，宽容他人就是给自己拓宽道路。

二、培养宽容的方法

模特群体是一个朝气蓬勃但却性格迥异的群体，工作中发生的摩擦、误会、矛盾，甚至冲突都难以避免，所以学会宽容是与人交往的必然选择。那么，模特应如何学会宽容呢？

（一）善待他人

一切高尚的品行都源自于善良，一个人能与人为善，就能宽容他人。现实中，有的模特受到了伤害，不是宽容谅解，而是睚眦必报，甚至给他人造成更大的伤害，这是与宽容背道而驰的。其实，与人为善就是与己为善。

（二）包容体谅

生活中总有一些人内心偏执、僵固，总是执著地认为在自己的身上充满了不公平甚至伤害，也总是感到似乎周围的人和环境都充满敌意，处处不顺畅。其实，改变心态就会改变生活，常怀宽容体谅之心就可以宽容他人的过错。当一个人具有宽容体谅的心态，就可以获得一个轻松、自在、快乐的人生。

（三）尊重个性差异

在模特中，每个人的个性性格都不同，有的性格稳定、有的鲁莽冲动、有的外向好动、有的内敛好静，另外每个人的学识修养也有一定的差异。所以，无论是他人有意或无意对你造成了伤害，只要是能在体谅理解的"度"内，都应尽量从尊重个性差异的角度给予最大限度的宽容。

（四）消除自我中心思想

模特中独生子女偏多，另外因自身的形体、形象具有优越性，导致很多模特以自我为中心的意识尤其强烈。消除自我中心思想，培养宽容意识，是模特在行业发展中必行的一个自我教育目标。宽容不仅是爱心的体现，更是极高思想修养的升华。培养宽容可以在身边寻求榜样，通过观察他人的行为及行为结果间接地学习，培养自己的宽容心。

（五）形成正确的是非观

有些人把宽容误解为软弱，其实宽容不是软弱，而是一种人生境界和独善其身的力量表现。宽容不应该被理解为是无止境、无原则的，宽容也是建立在是非观念基础之上的。真正拥有宽容心的人，是不会在毫无是非观念的情况下对任何事情给予包容的。在培养宽容心时，形成正确的是非观念是很重要的，对于违背原则的事情，坚决不能宽容，但是对于非原则性的缺点和过失，要能够宽恕和谅解。

（六）学会忍让

宽容是一个人大智慧的体现，需要一定的学识和修养。从一个人的成长过程来看，宽容应该从忍让做起。只有先努力做到忍让，才能通过洞明世事将忍让升华为宽容。从某种意义上说，忍让也是宽容的一种训练。一个受不了一点委屈、遇事不肯做任何忍让的人，很难做到宽容。

第六节　学会谦虚

一、什么是谦虚

谦虚是从个体对待他人的态度中所表现出来的一种品德特征，是进取和成功的必要前提，具体表现为不自满，肯接受批评，能虚心向人请教。中华民族历来注重和倡导谦虚，《尚书·大禹谟》中提到："满招损，谦受益。"就是说，自满会导致损害，自谦则会得到补益。有真才实学的人往往虚怀若谷，坚信"三人行，必有吾师"；而骄傲自满的人，往往不学无术，一知半解，自以为是。

儒家认为谦虚是人的一种高雅的素养，反映人的思想、道德状况和文化教育程度。满则溢，自满就再也装不进新的东西；虚则明，谦虚才能够不断充实自己，促进自己的完善。谦虚的人，常常"敏而好学，不耻下问"。作为一名模特，要培养谦虚美德，加强自身的谦虚品质，客观地评价自己，有自知之明；要虚心学习，博采众长，补己之短，虚心接受别人的批评和建议，力戒骄傲。此外值得注意的是，谦虚是美德，但必须以真诚为基础，缺少真诚的、过分的谦虚就等于虚伪。

二、谦虚的本质

（一）谦虚是自信的体现

自信是谦虚的前提，没有自信，一个人就做不到真正的谦虚。真正自信的人一定是谦虚、低调、温和、不张扬，不急于表现自己。能欣然接受任何批评指正，有则改之，无则加勉。

（二）谦虚源于平等心

在本质上，人与人之间是平等的，任何人都并不高于或优于任何他人。只有一颗平等待人的心才会使自己变得谦虚，并得到他人的尊重。真正伟大的人，都是谦逊的，世上凡是有真才实学者，以及真正的伟人俊杰，无一不是虚怀若谷、谦虚谨慎的人。

（三）谦虚是成功的要素

谦虚是成功的要素，英国哲学家赫伯特·斯宾塞认为："成功的第一个条件是真正的虚心。"美国科学家本杰明·富兰克林说过："缺少谦虚就是缺少见识。"法国思想家查理·路易·孟德斯鸠说："我从不歌颂自己，我有财产、有家世，我慷慨风趣，可是我绝口不提这些。固然我有某些优点，而我自己最重视的优点，即是我谦虚……"可见，谦虚是人类共同赞誉的美德。真正谦虚的人是决不会站在荣誉上止步不前的，而是继续努力去做更有挑战的事情。

（四）谦虚与骄傲相对

谦虚与成功、骄傲与失败是成正比的。在成绩面前，不同的人采取不同的接受方式，所收获的价值也迥然各异。谦虚的人清楚自己的优势和差距，可以做到发挥自己的优势、弥补自己的不足。在特定的领域内做出卓越的成绩。骄傲的人往往不能正确估价自己，只看到自己的优点、长处和别人的弱势、不足，总认为自己比别人强，总是表现出沾沾自喜、轻狂的态度。俗语说："骄傲来自浅薄，狂妄出于无知。"骄傲是失败的根源，会使人变得愚蠢、固执己见，从而导致事业功败垂成。而且骄傲的人会失去朋友、进步和成功的机会。

（五）谦虚使人收获

每个人的思维方式或多或少都存在着差异，对待同一事物、不同的人有不同的结论。当一个人在自己的专业领域取得成绩时，不要总是以一种权威的姿态拒他人于千里之外，要学会聆听、采纳他人的建议。只有做到不耻下问，才会真正地提高自身的才能，"忠言逆耳""旁观者清""他山之石，可以攻玉"。世界文豪莱辛说："如果在我后期的作品中有可取之处，那是完全通过批评得来的"。谦虚可以使求知者更好地借鉴他人已有的经验，也可以接受他人的教训而在认知的路上另辟蹊径。

三、模特如何培养谦虚的品格

（一）在实践中培养谦虚品格

作为一名模特应该培养自身的谦虚品格，而真正学会谦虚是需要长期实践的。实践的过程是美好的，因为在谦虚中能获得平静轻松的感觉，能享受到内心的安宁充实。越不在众人面前显示自己的成就，就越容易获得内心的宁静，也越容易得到别人的认同和支持。所以，即使有值得骄傲的成绩，也要去尽力抑制住想要自夸的念头，这将受益无穷。

（二）真诚的赞赏他人

真诚地赞赏比自己优秀的人。当别人做得好的时候，要学会赞扬，赞扬的内容要具体、真诚。

（三）停止比较心态

不要总是和别人比较孰高孰低，这使得自己不愿意在别人面前承认自己的软弱和不足，也就会变得不谦虚。一个人不可能事事都比别人强，所以必须抛弃比较心态。当自己不自觉地和别人攀比，看到别人的优秀就情绪低落的时候，就要为自己敲警钟。

（四）不怕犯错

金无足赤，人无完人。如果一个人严格要求自己不能犯错，那么在做事情的时候变得畏首畏尾、瞻前顾后，事情反而做得不好。犯错误是人之常情，关键是从中吸取经验教训，下不为例。害怕犯错误的心理会导致在犯错误时不是积极想办法改正错误，而是会倾向于掩盖错误，这就会离谦虚这两个字越来越远。

（五）谦虚要适度

"谦谦君子，虚怀若谷"。谦虚，是一种高贵的品质，要做到真正的谦虚，就要做到不低估、也不夸张炫耀自己，表现对别人尊重的同时，不看低和看轻自己，不卑不亢。掌握谦虚的尺度，但不要过于谦虚，否则容易被人认为是虚伪、不坦诚。

（六）客观地评价自己和他人

世上没有十全十美的人，不管一个人自身多么优秀，也总有不足的地方，不要以高低、好坏、优劣来评定自己和他人。正确客观地认识、接纳自己和他人。

第七节　学会感恩

一、什么是感恩

感恩是一种良好的非智力的精神因素，是做人应坚守的基本道德准则，是对自然、社会和他人给予自己恩惠的由衷认可，并真诚回报的一种认识、情感和行为。知恩图报历来是中华民族传统美德。感恩包括三个层次：一是认知层次，认识和了解自身所获得的恩惠并在内心产生认可；二是情感层次，内心衍生出温暖和幸福的情感；三是实践层次，形成回报的行为。这三个层次相辅相成，形成一个有机的统一体。

二、感恩的重要性

学会感恩，对当代年轻人而言，不仅是一种美德、一种境界，也是一种必备的素质。

（一）感恩可以弱化自我意识

一个人与外界的一切关系都是由主体"我"发射。感恩可以使人以自尊为起点，弱化自我意识，尊重自然、社会、他人。在自己与他人、社会的相互尊重以及对自然的和谐共处中追求生命的意义，展现、发展自己的独立个性。感恩是一种美好的情感，没有感恩心的人，永远不能理解人性的真正意义。

（二）感恩可以净化心灵

感恩是内心涌发出的、对世间给予自己帮助的所有人及事物的感激和回报之情。无论一个人生活在何处，或是有着怎样特别的生活经历，只要常常怀着一颗感恩的心，就必然会有温暖、自信、坚定、善良等美好的处世品格。学会感恩，可以净化心灵而不致麻木。

（三）感恩是一种对恩惠心存感激的表示

感恩是一种处世哲学，是生活中的智慧。感恩是一种不忘他人援助恩情的情感。人生在世，不会一帆风顺，种种失败、挫折都需要我们勇敢地面对、豁达地处理，而在许多困难中，也总会遇到有人施以援手，学会感恩就是为了将得到帮助的点滴铭记于心。

（四）感恩是一种生活态度

感恩是一种品德，是一种生活态度，是对得到的恩惠在心里产生认可并意欲回报的一种认识和行为。如果人与人之间缺乏感恩之心，必然会导致人际关系的淡漠。有感恩的态度非常重要。在中国传统文化中宣扬"知恩图报""滴水之恩当涌泉相报"，说明感恩是社会上每个人都应该具备的道德修养。不懂感恩，既是缺乏修养的表现，也是情感淡漠的表现。

三、模特如何培养感恩的心态

作为一名模特，在成长的道路上会遇到许多援手帮助的人。时刻记怀，谨记回报，一定会使人生及职业发展道路愈加宽广，也愈加长远。

感恩是要认识到别人为自己付出的一切并非天经地义、理所当然。无论是父母给予我们生命，老师教给我们知识，还是朋友给予我们友情以及其他人给予的帮助，这一切都是"恩情"。感恩是一种品质，是一种智慧。拥有感恩之情，便会怀有报恩之心，而时常怀有报恩之心，就会懂得去感谢所值得感激的人。感恩不一定非要在物质上体现价值，有时候温暖的问候、关心和一件用心挑选或手工制作的小礼物，都比一件昂贵的礼品还要让人能感受到诚意。感恩也不在乎形式如何，体现心意和诚心即可，不必一定大张旗鼓、华丽隆重。感恩应该是一种无时无刻不细微存在的感受，当感受深刻、被恩情浸透时会自然而然产生回报的愿望和行为。

培养感恩意识是一种自我情感和道德教育，更是一种人性教育。人，不是生来就会感恩，感恩是需要培养的，需要经过漫长的过程学习的，只有先形成感恩的心态、品德和责任，才能外化为感恩的行为。培养感恩可以具体在以下几个方面。

（一）对大自然感恩

我们生活在大自然里，大自然给予我们的恩赐太多，食物、空气、水、阳光、雨露。亚里士多德说"大自然的每一个领域都是美妙绝伦的"；布赖恩特说"到广阔的天地中去，聆听大自然的教诲"；雨果说"自然是善良的慈母"。大自然让我们得以感受生命的美好，没有大自然谁也活不下去，这是最简单的道理。

（二）对父母感恩

"哀哀父母，生我劬劳。"父母给予我们躯体，养育和完善我们的心灵，给予我们世间最伟大、最无私的爱，为我们的成长付出毕生心血。我们应"时刻铭记父母恩"，承受生命之重，心存无尽的感恩与报答之情。如果连父母的生养之恩都能漠然置之，这样一个自私、没有良知、只知道爱自己、没有一颗感恩心的人，永远不能真正懂得人性的善良，也将慢慢失去他人的关心和帮助。

（三）对师长感恩

一个受过良好教育的学生，要学会尊重老师的人格、劳动及创造。孔子说："弟子入则孝，出则悌。"即在家中要孝敬父母，出门在外要尊敬师长。老师是人类文化的传播者，在文化的继承发展中起着桥梁纽带作用。老师为我们认知水平、理解能力以及做人品质的提高给予了大量的辛勤付出。所以，教育之恩不能忘怀。

（四）对帮助过自己的人感恩

任何一个人都不是独立生活在世上，总是与他人有千丝万缕的关系，其中，就有恩情关系。"饮水思源，知恩图报""滴水之恩，当以涌泉相报"都是指对那些曾给过自己帮助的人给予真挚的回报。懂得感恩，才能懂得尊重他人，也才能发现自我存在的价值。

（五）对伤害过自己的人感恩

感恩离不开宽容，两者的关系是相互交融的。宽容并感谢那些伤害过自己的人，因为他使你磨炼了心志、增长了智慧、觉醒了自尊……把内心充斥的埋怨、仇恨化解成宽容仁爱的人生态度，就会拥有平和的心情、宽广的胸怀。

第八节　学会冷静处理问题

一、什么是冷静

冷静是一种淡定、坦然和从容不迫。"欲速则不达"的含义就是要用冷静的心态去面对所发生的一切，用心去实现。冷静是知识和智慧两者融合到一起时的一种涵养，更是一种理性和大度的深刻感悟。冷静是在急躁面前保持清醒，在冲动面前保持平静，在侵害面前保持忍耐，在争执面前保持宽容，在鼓噪面前保持理智，在恐惧面前保持勇敢。

在很多的情况下，力量并不来自于权力，更不来自于盲动，而是来自于智慧和冷静，正如莎士比亚所说："谁能够在惊愕之中保持冷静，在盛怒之下保持稳定，在激愤之间保持清醒，谁才是真正的英雄。"中国的语录世集《菜根谭》中有语句"冷眼观人，冷耳听语，冷情当感，冷心思理"是指用冷静的眼光观察他人，用冷静的耳朵听他人说话，用冷静的情感来主导意识，用冷静的头脑来思考问题。儒家经典著作《大学》中有语句"知止而后有定，定而后能静，静而后能安，安而后能虑，虑而后能得"，其含义是知道应该达到的境界才能够使自己志向坚定，志向坚定才能够镇静不躁，镇静不躁才能够心安理得，心安理得才能够思虑周详，思虑周详才能够有所收获。冷静是一种素质，但并非天生具备，需要历经磨炼才能提高。只有在学习中增长才干，在实践中经受锤炼，才能不断增强冷静这种能力。

二、模特怎样培养冷静的性格

（一）遇事冷静

出现任何重大的事情，焦虑、苦恼都无济于事，在复杂事物面前，头脑清醒、冷静并能从全局考虑，才可以达到减少损失、积极解决问题的目的。

有些模特在处理一些比较重要的问题或者将要开始做某项重要的事情时，急躁冲动，不能够谨慎地分析各种情况，冷静理智地处理问题。急躁和冲动是头脑简单的表现，而冷静则包含着聪敏和智慧。处理工作，分析问题，都应当头脑冷静，多分析，细思考，三思而后行。不能凭一时感情冲动，鲁莽决定。

（二）做决定时要冷静

人在心平静气、情绪稳定的时候，可以在错综复杂的事物中，透过现象看到本质，能考虑事物的因果变化，比较理智、客观地分析问题。不要在危急的时刻匆忙做决定，匆忙中做的决定可能会使事情变得更糟糕，应学会集思广益，因为无论什么人，才智和经验毕竟有限，自己认为对的不一定都正确，学会以冷静的心态运用智慧，从而作出明智的选择，作出理性的决断，找到成功的解决方法。

（三）取得成绩时要冷静

年轻模特在一些大赛中取得突出的业绩或通过一些杂志拍摄具有一定知名度后，掌声与鲜花就会包围上来，很容易产生一种成就感，甚至志得意满。这个时候，是人最容易头脑发热的时候，同时也是最需要保持清醒的时候。在一片赞誉声中，一定要保持清醒的头脑，要明白取得的成绩已经是过去，不能代表将来。所以，越是在出成绩的时候，越要谦虚冷静，不能恃"功"傲物，要调整好心态，保持一颗平常之心，张弛有度，不骄不躁，不要为一时的成绩而骄傲，以一时的顺利而轻狂。外在环境瞬息万变，世间万事种种变化，须时时提醒自己要谨慎、低调，要记得人外有人，也要记得路漫漫其修远兮。

（四）恭维面前要冷静

当一个人显露才华取得成绩后，总会听到一些恭维的声音。面对真心实意地赞美，要由衷地接受并感谢，但不要忘乎所以，要保持清醒的头脑，不要陷入自我陶醉。同时，要自我勉励，把赞美变成"更上一层楼"的动力。面对别有所求的、讨好的、甚至是不怀善意的恭维，要细心揣摩、小心对待，既不能拒绝、发怒，也不能不加分析地接受。面对恭维，要善于识别，保持清醒的头脑，不上当，不受骗，严加防范，把握做人的原则。

（五）批评面前要冷静

作为一名模特，受到他人的批评与评价，有时在所难免。关键是保持冷静的头脑，不要急躁、气恼，与批评自己的人吵闹。古希腊哲学家毕达哥拉斯认为"愤怒以愚蠢开始，以后悔告终"。在别人批评甚至提反对意见时要冷静，要明白看待同一个问题，不同的人因位置、角度、认知水平不同，所产生的思想和观点也就不同。要学会倾听和接受不同的声音。胸怀宽广，诚心听取意见，真诚接受批评，不仅可以拓展思路、修正过错，还可以更好地赢得别人的尊重与信赖。

（六）困难面前要冷静

在遇到困难情况发生时，首先要有自制力，提醒自己尽快地冷静下来，控制急躁情绪的进一步发展。其次，在冷静的基础上，对自己所处的困难境况进行理智分析，找到原因，采取恰当的对策和行动，来改变和消除不利情境。在已经陷于不利局面时，切忌在急躁中不顾一切地做决定，这样只能把事情办得更糟。

　　一名成熟的模特，不只是表演技能的成熟，更是在解决困难上的老练与成熟，在复杂问题和突发事件面前要处变不惊，有条不紊地沉着应对。有的模特在正常情况下，往往比较能够冷静，但一遇到不顺利的情况，就容易急躁，甚至可能面容失色、方寸大乱、举措失当，在应对上造成失误和后患。

　　任何一项事物的发展都不会一帆风顺，困难可能在任何时间、任何地点，以任何意想不到的方式发生。在困难面前，需要清醒和坚定。大困难孕育着大作为，大挫折磨砺出大智慧。

第九节　内心充满爱

一、什么是爱

　　爱在汉语中是一个多义的字。爱作为连接人类最深层交往的情感纽带，是最高层次的积极情绪，而积极情绪有助于提升问题解决能力、创新能力。爱包含了人对所有事物的深层情感，在艺术、哲学、美学等文化领域，是一个永久的主题。爱能够影响我们的感受、思想、行为和未来，并且能够提升人类的幸福感，对所有年龄段和文化背景的人来说，一个人所感受到的爱、尊敬和珍视，被公认为是对幸福最有影响力的决定因素。

　　在人们的行为中，爱是一种动力，由于爱自己、爱他人，我们才做出很多有意义的事情。儒家理论的核心中有一个"仁"字，孔子对"仁"的解释是"仁者爱人"："仁"，就是"爱人"。人是需要爱的，富有爱心是人性的基本特征，被人爱和爱别人是人性的起码要求。一个人能得到他人的爱是幸福的，而一个人把爱真诚而无私地奉献给别人，则是更大的幸福。爱是不可或缺的，没有父母对子女的爱，就没有子女的成长；没有教师对学生的爱，就没有教育和文明的传承；没有人与人之间相互的爱，就没有善良与信赖；没有男女间的爱，人类就不能延续……

　　作为一个正处于人生发展关键时期的模特，要明白没有爱心的事业是悲哀的，没有爱心的交往是自私的，没有爱心的生命是痛苦的，没有爱心的人生是黑暗的。爱在点滴之中，一个善意的微笑、一次真诚的赞美、一次无私的给予、一句热心的话语都是爱的一种传递。

二、爱的本质

（一）爱是无私的

　　爱是不能计算和计较的，也不像财物一样给予别人越多，自己就越少。爱是给别人越多，自己也拥有的越多。爱是无私的，付出的时候不能要求回报，否则就是有功利目的的，就不是真正的爱。尽管不要求回报，但爱的行动本身就会带来精神的满足，也总会换回更多心灵的温暖和抚慰，如孟子所说："爱人者，人恒爱之。"

（二）爱是宽恕

爱是人生中不可缺少的，爱朋友和爱家人是容易的，但是爱一个伤害过自己的人就不容易了，这需要极高的修养。我们应该学会宽恕他人的过失，当然宽恕伤害自己的人不是一件容易做到的事，要把怨气甚至仇恨从心里驱赶出去，的确是需要极大的勇气和胸襟。《宽恕》这本书上说，我们的心如同一个容器，当爱越来越多的时候，仇恨就会被挤出去，我们不需要一味地、刻意地去消除仇恨，而是不断用爱来填充内心、用关怀来滋润胸襟，仇恨自然没有容身之处。

（三）爱是无条件的

爱是不能挑剔，也不能计较的。有大爱的人是可以包容他人的缺点和不足的。要学会用爱的目光看待他人，要善于发现他人和世界的可爱之处，一旦发现之后，就应该去表达自己的爱。

（四）爱是无边界的

我们往往对熟人能表示友爱，但对陌生人都很冷漠，这其实是功利思想在作祟。大千世界，我们的熟人只是极少数，绝大多数是不认识的陌生人，如果大家都只对熟人友爱，那我们就是生活在一个基本没有爱的环境里。爱应该如同春雨滋润众生一般，我们既然要做一个有爱心的人，就要明白仅仅对熟人奉献爱心是不够的，还要善于运用智慧去提升爱心，应该学会对陌生人也能做到互助友爱。随着社会的开放，人与人之间的交往范围会越来越大，接触的陌生人会越来越多，只有努力建立一个互助友爱的大环境，才能使自己所到之处都能得到照拂，都能得到爱的滋润。

思考与练习

1. 什么是心理训练？
2. 请简述模特职业自信的培养方法。
3. 模特为什么要培养宽容心？
4. 谦虚的本质是什么？
5. 什么是冷静？

模特与
心理学

建立健康的心理

课题名称： 建立健康的心理

课题内容： 1. 正确进行自我评价

2. 缓解心理压力

3. 解决怯场问题

4. 如何对抗挫折

5. 消除自卑心理

6. 消除嫉妒心理

7. 如何管理情绪

8. 克服依赖心理

9. 摆脱孤独心理

10. 战胜虚荣心理

11. 赶走羞怯心理

12. 纠正自私心理

13. 调整焦虑心理

课题时间： 12课时

教学目的： 学习建立健康模特心理的相关内容

教学方式： 结合实例进行理论讲解

教学要求： 通过学习掌握方法，用于解决自身问题

课前准备： 提前进行自我分析并总结自身存在问题

第十章　建立健康的心理

模特行业的迅速发展以及竞争的激烈，要求模特要越来越重视培养健全健康的心理，提高自己的多重素质。本部分内容针对模特的心理特点及经常遇到的心理问题，提供了一些适当的调整方法，希望模特通过学习能消除各种心理障碍，以健康成熟的心态面对今后的发展，并能充分地挖掘自我潜能、实现自我价值。

第一节　正确进行自我评价

一、什么是自我

自我是指人对自身以及自己同客观世界的关系的意识，是个体对自己的态度、感觉，并依循经验对自己进行自评而产生的自尊自重或自我接纳。自我概念包涵了个体所认知的自我、他人心目中的自我以及期望达成的理想自我。有健康自我概念的人能够客观地认识自我，认清自己的价值，保持自己的个性。

二、什么是自我评价

自我评价是自我意识的一种形式。是个体对自己思想、才能、素质和个性特点的判断和评价。自我评价是变化发展的，是在某时某刻个体对自身加以自我的感觉、观察、分析的结果，集中地体现了自我认知的一般状况和发展水平，是自我的核心部分，也是自我体验与自我调节的基础。个体通过自我评价，能对自我和个性的发展进行主动地、自觉地自我控制，使之向完满的状态发展并抑制不良的倾向形成。客观地进行自我评价是十分必要的。人想要真正主动、自觉地调节自我，实现自己的目标，必须进行主动、自觉、适当的自我评价。

三、自我评价的作用

自我评价对人的自我发展、自我完善、自我实现有着特殊的意义，另外也具有重要的社会功能，它极大地影响人与人之间的交往方式。要运用自我评价的正面价值来促进人的全面发展和社会发展，同时有效地克服自我评价的负面作用。自我评价的作用可以归纳为以下几个方面。

（一）自我发展

自我评价会促使人们进行自我验证，从而为自我发展提供动力。人一旦有了自我评价，就会努力验证，同时在很大程度上会自我督促，促使主体维持自我的一致性。自我评价与实际行为往往会出现差别。善于自我督促的人会采用方法来减少自我评价和实际行为之间的差异，尽可能消除自我评价中不正确的因素。

（二）自我完善

自我评价会促进人们自我完善。人们通过自我评价来进行自我管理，其中包括自我评估和有意识地对他人关于自己的印象进行管理，运用自我提高机制来完善自我的言谈举止等。自我评价不是孤立的，而是跟他人的评价密切不可分的。善于自我评价的人会运用他人的评价来反思及修正自己，并努力争取获得他人更高的评价。

（三）促进人际关系

自我评价在一定程度上影响人际关系。当一个人从别人那儿获得的对自己的评价跟自我评价相吻合时，其自我感觉就会良好，内心处于平稳正常的心理状态之中；反之，就会产生心理失衡，导致自我评价障碍的发生。其次，评价别人对自己的心理也会有影响，如果一个人能够正确评价别人，就会感到自己有良好的评价和认识他人的能力，会增加人际交往的自信心和自豪感。不能正确评价自己的人一般也不太会正确评价别人。而心理学和社会学的研究发现，人们如何评价别人，就会以什么样的方式对待别人。也就是，人们的评价决定态度，而不同的态度就必然有不同的行为，从而导致不同的人际关系。

（四）提高人生价值

自我评价对人生价值也有重要的影响。人生价值包括人的自我价值和人的社会价值。自我价值从本质上说就是人对自身的生存和发展的满足；社会价值从本质上说就是人对于社会的存在和发展的满足。从正确树立人生观和价值观的角度来说，没有正确的自我评价会导致主体不正确的自我追求，导致对自己和他人、社会的关系不能加以正确认识，从而导致不能做出正确的人生价值选择。正确的自我评价在于它能帮助人成为有健康人生观和价值观的社会人。

四、自我评价的方法

（一）比较法

比较法就是从自己与他人的比较中来了解自己的能力，以及在群体中所处的位置。通过比较，可以发现自己的长处和不足，扬长避短。与优秀的人比，可以找到自己的差距，激发进步的动力；与不如自己的人比，就会看到自己的长处，增强自信心。《旧唐书·魏徵传》中有"以铜为镜，可以正衣冠；以史为镜，可以知兴衰；以人为镜，可以知得失。"在和他人比较的同时，也要和自己的过去对比，把自己的目标和现实状况相比，这样才可以不断地看到自己的进步和未来努力的方向。

（二）他人评价法

他人评价法即通过别人的评价和反映来认识、了解自己的方法。他人评价比自己的主观认识具有更大的客观性，如果自我评价与周围人的评价相近，表明自我认知能力较好，反之，则表明自我认知有偏差，需要调整。然而，对待他人的评价也要有客观性和认知上的完整性，不能倾向性的只听取某一方面的评价，应全面听取，综合分析，恰如其分地对自己作出调节和调整。

（三）自省法

在了解自我时，大部分人习惯自省式的自我分析。自省是自我动机与行为的审视与反思，用以清理和克服自身不足，以达到心理上的健康完善。自省所寻求的是健康积极的情感、坚强的意志和成熟的个性。自省法要求要做到真正认识自己，客观而中肯地评价自己，通过反省自己、分析自己来了解并改善自己。《论语》中写到"吾日三省吾身"，自省是自我超越的根本前提，要超越现实水平上的自我。

五、模特如何正确评价自我

正确的自我评价可以帮助模特作出正确目标的选择。自我评价可以分为直接自我评价和间接自我评价。

（一）直接自我评价

自我评价过高或过低，都会造成模特职业适应上的问题，影响职业的正常发展。

作为一名模特，首先，要认识到自己的外在条件，如形象、身材、气质等，还有其他自然条件，包括健康情况、兴趣倾向、心理状态、知识水准、专业能力特点等，以及表达沟通能力、性格个性类型等各方面的情况。其次，要用自己在各种实践中，取得的不同表现和成绩相比较。在实践中，通过与外部世界的接触、与他人打交道的过程，展示出自己的专业水平、智能、情感等一些属性，发现自己的优势和不足，进行自我认知评价，确定奋斗的方向。

在自我评价中不能对自己的判断过高，会不利于正确评估自己的能力，并表现出自负的心态，这种心态会使模特举止狂傲无礼，形成缺乏自知之明的心理缺陷。长期的自负会导致自满，使模特丧失进取心，增长虚荣心。另外，自负心理还容易使模特意志薄弱，经不起挫折和打击。自我评价过高，还会破坏人际关系，使人际环境恶化，给自己取得成功的道路设置诸多障碍。

自我评价也不能过于低估自己，如果对自身的认识不足，总感觉自己的形象、形体、气质、能力、才智等不如别人，就会形成一种自卑的消极心理。在这种心理的作用下，遇到困难、挫折时往往会表现出焦虑、泄气、失望、颓丧的情感反应。要经常给自己积极的暗示，例如经常对自己说："我一定能做好"，就会在工作中有自尊、愉快的良好心态，从而在工作中取得成绩。

当客观地评价自我时，不能孤立地评价，而应把自己放到模特行业这个大系统中去考察，每个模特都有自己的独到之处，都有他人所不及的地方同时又不如他人的地方。有自负心理的模特要注意与人比较不能总拿自己的长处比别人的不足，把别人看得一无是处。有自卑心理的模特要经常想一想自己的优点，鼓励自己加强自信，所谓"金无足赤，人无完人"。通常每个人的知识、才能都是处于离散状态的，只有不断地挖掘和开发，并从个人兴趣爱好、思维方式等多方面进行自我观察，才能做出科学的自我评价。

（二）间接自我评价

间接的自我评价，是通过模特自身与他人行为及情况的对比，发现自我认识的不足。当局者迷，这是一些人不能对自己做出正确的自我评价的原因之一，所以不妨用自己在不同领域中取得的不同成果与他人相比较的方法进行鉴别。

许多模特在自我评价的问题上常常不够客观。一些模特在取得一些小的成绩后，对今后的一切都幻想得非常美好，把个人的境遇、发展、前途勾画得绚烂多彩；也有一些模特因为一些小小的挫折就低估自己的才智和能力，对自我进行的评价过低，失去了发展的信心。其实，每个人都有自己的优势和不足，正确的、客观的自我评价是帮助模特制定正确的奋斗目标的前提。在实际的鉴别中和在与他人的比较中，要使思维方法尽可能的全面些、辩证些、灵活些。

每名模特都应当根据个人的条件，确定一个长期的理想目标。这个理想目标既不能过高又不能过低，要恰如其分。再用分段式的方法制定短期规划，然后逐步去完成。每名模特都有各自的优势和不足，客观充分地认识自己的能力、素质，学会在工作和学习中发扬自身的优点和弥补自身的不足。要以发展的眼光看待自己，既要看到自己的过去，也要客观地看到自己的现在和将来。

第二节　缓解心理压力

一、什么是压力

压力这一概念最早是由加拿大著名内分泌专家汉斯·薛利博士提出的，他认为压力是表现出某种特殊症状的一种状态，这种状态是由生理系统应对刺激的反应所引发的。心理压力即精神压力，在日常生活、学习、工作中，我们常常承受着来自各方面的压力，从而产生紧张的情绪状态。压力过大、过多会损害身体健康。现代医学证明，心理压力会削弱人体免疫系统。

一般来说，愉快与不愉快的事情都会造成压力，只是不愉快的事件产生的压力程度通常比愉快事件产生的压力程度要高一些。在工作和生活中，某种程度的压力是必要的，正常的压力可以使人保持振奋，高效率并创造性地工作，但如果压力过大，则会引起身心伤害。

二、压力来源

压力产生的原因就是压力源。压力源可以分为生物性、精神性和社会性，其中生物性压力源包括身体健康、饥饿、睡眠、噪声、气温变化等；精神性压力源包括思想、情感、经验、道德冲突、个性心理特点等；社会性压力源主要是指学习、工作、家庭情况、人际适应等问题。压力源广泛地存在于我们的生活之中。有些压力源是稍纵即逝的，只引起瞬间反应；有些压力源则是长时间持续的，会使人经常处于一种紧张状态，造成习惯性的高压反应，甚至导致心理失衡。

内心挫折和冲突是压力产生的最重要的内部因素。现实生活中，每个人都可能陷入挫折境遇，挫折感多了，自然形成心理压力。冲突是一种心理困境，产生冲突的困扰越大，压力也就越大。

压力是个体主观认知评估的结果，对同一件事，每个人感受到的伤害、威胁、挑战压力程度不会完全相同。

三、压力反应

当人们面临压力时会产生一系列反应，包括生理、心理及行为反应。这些反应在一定程度上是机体主动适应压力的表现，它能够唤起和发挥机体的潜能，增强抵御和抗病能力。但是，如果反应过于强烈或持久，超过了机体自身调节和控制的能力，就可能导致心理、生理功能的紊乱，进而产生身心疾病。

（一）生理反应

在压力状态下，机体在中枢神经系统、内分泌系统和免疫系统等方面会表现出心率加快、血压升高、呼吸急促、汗液及各类激素分泌增加、消化道蠕动降低等反应。这些生理反应，调动了机体的潜在能量，提高了机体对外界刺激的感受和适应能力，从而使机体能更有效地应付外界环境条件的变化。

（二）心理反应

压力状态下，心理会产生高度注意、思维敏捷、快速反应、情绪变化等反应。适度的反应，有助于个体应对环境，解决问题。但过度的心理反应如过分焦虑、愤怒、消沉等，会使人自我评价降低、自信心减弱，表现出消极被动和无所适从。

（三）行为反应

压力状态下会产生直接行为反应，是指直接面临紧张刺激时为了消除刺激源而作出的反应，如立刻着手去解决压力事件；另外会产生的间接行为反应，是指为了减少或暂时消除与压力体验有关的苦恼而发生的行为，如通过听音乐、看电影等转移注意力的方式。

四、模特缓解压力的方法

许多模特对行业竞争的激烈，以及生活节奏的加快感到压力越来越大。有关调查显示，心理压力过大会严重影响一个人的精神状态或心理健康，对人体形成的潜在危害远远超出普通人的想象。对于心理压力，一方面要找出内在的真正原因，及时进行疏解。另一方面，学习和运用一些减轻心理压力的方法是十分必要的，经常进行自我心理的梳理和调整，学会减少压力的来源，适时减压，才能保持良好的心境状态。减轻心理压力可从以下几方面做起。

（一）改变性格

不同性格的人，对压力的敏感度和反应就不同。戴尔·卡耐基曾说："一个人的成功85%归于性格，15%归于知识。"每个人都有自己独特的性格，性格是区分人与人之间差异的重要标志之一。面对各种压力，有的人焦头烂额、疲于应对；而有的人却从容面对、泰然处之。一个悲观消极的人，遇到困难时常会情绪低落，丧失信心，产生巨大的心理负荷；而一个情绪积极、乐观向上的人，面对同样的问题却能看到机遇和希望。所以，应该培养优良的性格，锻造坚强的性格，勇于面对困难和压力。

（二）减少不必要的压力

减小压力的方式之一就需要懂得"量力而为"，不要给自己施加过高压力，尽量减少压力事件。压力与做事效率并非成正比，而是呈曲线状，在压力适度时效率最高，压力太小或太大都会导致效率变低，所以应该减少不必要的压力，维持适度压力。

（三）提高自我效能

自我效能是个人对自己能力的判断及自信程度。相同的情况下，因为个体差异，产生的行为结果也不同。一个自我效能高的人在面对压力时相信自己有能力处理好问题，即使在挫折失败的情况下，也不会归因于自己的能力不够，仍有信心可以面对压力。相反，自我效能低的人可能会视压力为威胁而惊慌失措，越不能自我肯定时，就越倾向于认为压力是一种伤害，很容易因为一些负面的经验而影响自己对压力的应对。自我效能的形成跟过去所接受的教育或经验等都有关联，一个人应该学习欣赏自己，接纳自己不能改善的部分，多增加正向经验，经常自我肯定、自我激励，对待困难持乐观态度，这些都能够提高自我效能。

（四）学会有效解决问题

学习有效解决问题的方法，遇到压力时，采取积极的应对策略，及时解决存在的问题，使压力尽快消失，拖延只会使自己长时间处于压力状态。具体可以按照以下几种方法。

1. **做减法**　放弃无关紧要的事情，减少不必要的干扰，把主要的时间和精力用在做重要或紧急的事情上，解决主要的问题。

2. **认真思考**　做事要经过认真思考，周密安排。思虑周到时，压力自然会减轻。

3. **有效利用时间**　时间是有限的，要学会分配时间和有效利用时间，根据事情的轻重缓急，安排时间顺序，让时间更流畅地被运用。另外，善用琐碎时间也是有效管理时间的方法，例如坐地铁时可以看书，做家务时可以听一些英文。

4. **听取建议**　善于听取他人的意见和建议，有助于拓展视野、开阔思路、正确地解决问题和化解压力。

5. **提升自我**　积极提升自我，利用心理的正能量升华情绪情感，将压力转化为成功的动力。

6. **提高效率**　做事应有计划性，提高工作效率，不能急于求成。感觉心理负担严重时，可以放慢做事速度，或暂停手中的工作，放松休息一下，可能会事半功倍。

（五）在现实中解决压力问题

1. **运动减压**　运动是很好的减除压力的方法，能够消耗体内多余的热量，消除精神疲劳，保持身体健康，又能培养意志力，使人思维更加敏捷，心情更加开朗。

2. **不要做完美主义者**　一些模特对自己要求较为严格，做事力求最好，常以最完美的状态为标准，结果常常会陷入理想与现实的矛盾之中，所以目标不要定得高不可攀，凡事需量力而行，这样会大大减少压力的产生。

3. **调整生活节奏**　有规律地进行生活、学习、工作。合理地安排作息时间，保证充足的睡眠。丰富个人业余生活，发展个人爱好、生活情趣，这些都有助于让人心情舒畅、从单调紧张的氛围中摆脱出来，从而达到缓解压力的目的。

4. **勇敢面对** 面对压力要有充足的心理准备，坦然地接受来自社会各方面的压力，要充分认识到现代社会的高效率必然会带来高竞争性和高挑战性。

5. **照顾自己的感受** 不要过于在乎别人的看法，否则便容易失去自我，使自己感到越来越压抑。努力与他人保持良好的关系，因为与他人的冲突会令人消极沮丧。

6. **与人为善** 要培养自己有一个宽广豁达的胸怀，学会原谅别人的错误，不要斤斤计较。经常帮助别人，心理学研究表明，一个人在帮助他人的过程中，能够充分体会到满足感、成就感，在一定程度上可以实现自我价值。有了助人的心态，就会相应地减轻压力。

7. **自我调节** 经常看一些心理保健的书籍，学会作自我心理分析及调节，可以帮助培养良好的积极心态，保持乐观豁达。如果心理压力持续存在而不能自行调节时，应及时找专业的心理咨询师进行咨询。

8. **倾诉** 面对困难时，应该寻求向朋友和亲人倾诉的机会，得到安慰和支持，可以有效地缓解压力，改变内心的压抑状态，增强克服挫折的信心。

9. **放松** 放松自己的方式有很多，比如音乐、睡眠、冥想、娱乐、散步、聊天、下棋、书法、轻松的小说等，不管采取哪一种方法，只要自己感到愉悦并能达到放松的效果就可以。

10. **培养幽默感** 幽默感可以化解压力，增进身心健康。幽默的创造或对幽默的欣赏，能释放人们内心的焦虑情绪，维持心理上自我感的平衡，减低忧郁症状，调节负面生活的压力。

第三节 解决怯场问题

一、什么是怯场

怯场常指舞台表演中演员登台时胆怯的心理障碍，是由于种种原因所造成的情绪紧张的特殊表现，导致表演出现失常、不自然、不协调等演出效果不佳的现象。如果出现一次怯场，没有及时纠正，这种紧张心理就会逐渐加深，导致演员失去自信，形成习惯性怯场。总之，紧张焦虑、不能充分发挥原有的水平是怯场者的共性。从生理学角度分析，在怯场的情况下，人的大脑皮层功能受到抑制，负责调解、指挥的神经中枢的能力下降，反馈失灵，这就导致怯场者的表演动作和步伐生硬，表情呆板，表演技巧变得有形而无神。

二、模特怯场的表现

经常有一些经验不足的模特在上台表演前或比赛前惶恐不安、过度焦虑，导致丧失自信心、认知能力减退、思维活动受到干扰，并影响对外界的反应能力，这一系列都是怯场的体现。具体表现为心跳加快、呼吸急促、身体僵硬、手脚颤抖、出虚汗等；在台上不敢看观众和镜头，只希望快走完以解除紧张；心慌意乱而影响正常的发挥，导致步伐紊乱；注意力只集中在行走的线路和定点的位置上，不能很好地表现肢体动作和抒发艺术表现力；情绪不饱满，缺乏演出的兴趣和自信心等。

三、模特怯场的原因

（一）专业技术不熟练

一名模特如果表演技巧还不能达到运用自如的程度，上了台，对自己是否能表演好心里没有底，就会怯场，越担心，心情就越紧张。尤其是初上舞台的模特比较容易出现怯场问题，因为他们没有实践经验，还没有形成较为稳定的心理素质，情绪容易出现波动，进而对表演造成不利影响。因此，表演的基本功不过硬，是造成怯场最重要的技术原因。

（二）思想负担重

一些重大演出，舞台上绚丽的灯光和台下众多的观众，会使一些模特产生沉重的压力和心理负担，心理上暗示自己一点都不能出错，从而造成过度的紧张。另外，当同台演出的其他模特实力比自己强时，内心容易患得患失，这些杂念会导致模特怯场，且不能集中注意力去考虑如何使表演发挥得更好。再有，如果排练不够熟练，会担心在舞台表演中出现错误而产生心理负担，因而出现怯场的情况。

（三）过度紧张

紧张是一种高度兴奋的情感体验，也是在大脑皮层支配下肌肉的收缩，它往往与活动的关键时刻相联系。有的模特演出前高度兴奋，临上场前又紧张加剧，这种状态必然引起心理上的一系列变化。一般情况下，神经系统偏弱的人，即心理承受力差的人，容易产生紧张情绪。反之，神经系统偏强的人，则不容易引起紧张。在个性特质中，忧郁性强、情绪不稳定、自卑感强、神经过敏性强或完美主义者，都容易引起极度紧张。

（四）缺乏适应能力

有些模特在客观条件有所变化时，会立即引起心理上的不稳定感，例如到陌生环境演出、观众人数多、观众席上有重要嘉宾或与自己有特殊关系的人在场时等都会或多或少的引起紧张情绪。心理素质好、适应能力强的模特会很快调整自己的情绪，把自己最好的一面展现给观众，而心理素质不好、适应能力差的模特，则会因紧张而产生怯场的心理现象。

（五）缺乏自信心

对于模特来说，十足的自信心可以减少紧张感，而自信心不足往往会促使模特怯场情况的发生。导致自信心不足有很多种原因，如表演经验不足、表演的专业技术欠佳，还有一些是因为性格因素引起的缺乏自信。

（六）生理因素

演出时，模特的表演状态必须是在积极的、保持情绪高涨的情况下才能发挥出来，但如果身体不适或者是女模特每月特定的生理周期，也会导致怯场。另外，有些演出制作公司由于要节约制作成本，往往在演出前一天甚至是当天才搭建好舞台，这就导致排练时间非常短促，有时甚至需要连夜排练。最为典型的是每年的各地时装周，由于演出天数短、场次多，有些排练只能安排在夜间，这就使得一些演出场次多的模特筋疲力尽，并显现出一些生理上的消极因素，如头晕目眩、反应迟钝、肌肉僵硬、表情淡漠，更谈不上情绪记忆和艺术表现力，这种情况对于缺少舞台经验的模特来说，极为容易产生怯场问题。

四、解决怯场问题的方法

模特在表演或比赛前应该具备坚定的自信，有积极参演、参赛或跃跃欲试的愿望，表现为头脑清楚，有一种轻度兴奋感，遇到突发困难不感到惊慌，能够冷静地处理。服装表演是以肢体动作为基础的表演艺术，模特一旦怯场，不仅会影响到其表演技巧的发挥，更会影响表现力的发挥，所以要想达到最佳的表演效果，就必须要找到怯场的真正原因，具体问题具体分析，进行有效的预防和克服。以下几种方法有助于模特克服怯场问题。

（一）加强基本功训练

扎实的基本功对于表演的成功与否具有关键作用，同时也是一个成功的模特最基本的要求，克服怯场的前提就是勤加练习基本功。只有掌握了基本知识和基本技能，不断地提升自身的艺术修养，才能克服演出中各种困难，在演出时镇定自若，发挥自如。因此，在日常训练中，模特一定要努力提高自身专业能力和个人的综合素质，为以后的演出奠定坚实的基础。在练习基本功的过程中，要注重方式方法，做到循序渐进、精益求精。从技能形成的规律来看，掌握技术的过程也是建立条件反射的过程，条件反射联结得越牢固，内外的干扰因素越难侵入，就越能使模特充分地发挥表演水平。同时，在日常的练习中应注重保持良好的表演状态，逐渐形成习惯，这样即使临场出现突发情况，也能够做到镇定自若、泰然处之。

（二）加强表象训练

有些演出由于各种客观因素导致排练时间短、排练次数少，这就要求模特在上场前要不断地在头脑中像放电影一样，一遍遍地预习表演中所要展示的内容，或想象自己正处在演出过程中，构思出自己将要表演的动作造型、表现风格、行走路线、停留位置、与同台表演的其他模特间的配合方式，使这些内容形成表象。这种表象越鲜明、清晰、稳定，越有利于发挥出自己的最好水平。另外也可以找一块小空地，最好是在镜子前，练习自己所应展示的动作造型、表情眼神，以此来确保上场后的万无一失及从容发挥。

（三）进行积极自我暗示

要学会运用自我暗示的方法，心理暗示是克服怯场的重要方法之一。目的是解除过度紧张和焦虑不安的情绪以达到表演充分发挥的水平。比如不断地暗示自己，"不要紧张，我的所有展示内容已经掌握娴熟了""我的心情很放松，我一定能成功""不必慌张，我一定能演好""我现在头脑很清醒，情绪很稳定""我是最棒的"。或者想象自己正处在平日里最能够放松心情、保持宁静的场景中，如海边、草地上、公园里，放慢呼吸的节奏，做深呼吸。这些积极的心理暗示能够使身体的肌肉逐渐放松，脑细胞进入平静状态，忽视自我的紧张心理，使自己充满信心和勇气，进入稳定情绪。

（四）做好表演前准备

服装表演是现场表演的艺术形式，模特不仅要做好平常的基本功训练，在任何一场演出前，还应该充分做好上台的准备工作。现场表演，其环境是复杂多变的，要想避免临场怯场问题的出现，就要对舞台上可能出现的每一种情况进行设想，并想好解决的措施。做好表演前的准备工作，如认真对待排练、熟悉舞台及后台的具体情况、减少陌生感；演出前对配套的服装、鞋、饰品等进行细心的检查；临上场前认真检查着装后的头发、妆容、服装、鞋、饰品等，确保万无一失。舞台上经常出现模特穿错服装、鞋脱落、衣服拉链没拉好、吊牌挂在服装外面、头发散乱等状况，这些问题都会影响整场演出的质量，也会影响模特自己的演出情绪。

（五）在实践中强化心理素质

对于性格内向的模特，克服紧张心理相对困难些，但自信心并不是不能培养的。提升心理素质克服怯场的一个重要方法就是勤于实践，多参加比赛或演出，积累舞台经验。所谓"熟能生巧"，让自己逐渐适应舞台，适应以最好的状态呈现给观众。熟悉舞台上的各种设施，逐渐摸索出舞台感，加强驾驭自己的能力。不同舞台的成功演出经验能强化其心理素质，而具有丰富舞台经验的模特也鲜见怯场的情况发生。另外，要善于总结，对于每一次演出，不管是成功还是失败，都要总结经验或教训，这样的不断积累、不断实践，模特的视野会越来越开阔，心理素质也会越来越好，最终能够克服怯场心理，轻松地站在舞台上表演。

第四节　如何对抗挫折

一、什么是挫折

挫折是一种情绪状态，是一个人在动机的推动下，在达到某种目标或满足某种需要的活动过程中，由于受到妨碍或干扰，致使动机不能实现或需要无法满足时所产生的情绪体验。遭受严重挫折后，心理上会表现出阴郁、消极情绪，在生理上会对健康产生影响。

挫折包含情境和反应。挫折情境是指人们在有动机和目的的活动中遇到障碍或干扰，导致目标、需要没有实现或满足；挫折反应是指人在挫折情境下所产生的烦恼、焦虑、愤怒等负面情绪体验交织而成的心理感受。一般来说，挫折情境越严重，挫折反应就越强烈。但是，挫折反应的性质、程度主要取决于个体对挫折情境的认知和感受。对某一人构成挫折的情境和事件，对另一人则可能是无足轻重的，这就是个体感受的差异。

二、挫折的产生原因

挫折的产生原因有很多，从根本上分为外在原因和内在原因。外在原因，是指无法克服的自然灾害和社会因素。内在原因包括个人的生理条件与动机的冲突。生理条件指个人具有的智力、能力、容貌等；动机的冲突指个人在日常生活中，产生的两个或两个以上的动机无法同时获得满足时产生的难以抉择的心理状态，如满足欲望与抑制欲望、理想与现实、个人利益与集体利益之间的冲突等。由这些心理因素、生理因素和动机斗争所带来的限制，是导致挫折的主体内因。内因当中，个性是导致挫折的重要因素。个性是决定一个人对现实事物的积极态度和积极选择的诱因系统，对人的各种心理活动起支配作用。个性完整，可以使人保持良好的社会适应状态；反之，社会适应性差，易产生挫折感。

三、模特受到挫折的反应

挫折会带给人不同的行为反应，且具有明显的个体差异。挫折的反应分为消极反应和积极反应，但其消极反应多于积极反应。消极反应是破坏性的反应，会加大个体心理的焦虑程度，甚至导致更严重的挫折伤害。积极反应是建设性的反应，能促进个体消除焦虑、减轻心理压力去面对挫折。

（一）挫折的消极反应

模特受到社会的青睐，表面看起来似乎一帆风顺，内心没有什么不满和忧虑。其实，内心世界并不平静，充满着各种复杂的情绪。而情绪以及世界观的不稳定，是导致挫折的重要原因。

1. 焦虑 这是面临压力与挫折时最常见的心理反应，主要表现为情绪上的躁动不安，同时有心悸、呼吸急促等生理反应。过度的焦虑会给身心健康带来危害，也不利于问题的解决。

2. 攻击 一些模特的自尊心与好胜心过强，遇事容易争强好胜，极其渴望言行受到他人的尊重。一旦被别人轻视或受到不公平的对待时，就感到自尊心受到伤害，极易产生愤怒情绪，进而引发攻击行为。有些是直接攻击，即直接指向造成挫折的人或事件。还有一些是转向攻击，即不直接攻击造成挫折的对象，而是把攻击的矛头转向自己或与挫折无关的其他对象，但很可能不仅消除不了原有的挫折感，还会引起新的挫折，并给自己、他人或社会造成不应有的伤害。

3. 冷漠 当遇到挫折时，表现出对挫折情境漠不关心、活动意向减退和情绪低落，将自己同他人和周围环境隔绝开来，而其内心却耿耿于怀，十分压抑。另外也可能在遭到挫折后，出现排斥的态度、拒绝沟通和拒绝配合，表现出明显的对立情绪。以上反应都是复杂而且隐蔽的心理反应，常在不堪忍受挫折压力、攻击行为无效或无法改变境遇时发生。

4. 固执 受到挫折后，仍一意孤行地重复某种活动或坚持某种想法，即便这种重复或坚持并无什么成效，但仍要继续下去，结果往往失去改变困境的机会，在挫折中越陷越深。

5. 压抑 受到挫折后，将不愉快的经历压抑到无意识之中，不再想起，不再回忆。心理学理论认为，一个人过分压抑，往往会以心理异常或心理疾病的形式表现出来。

6. 偏激 富于浪漫色彩的理想是一些模特的特点，这就导致当自己的理想与现实发生矛盾时，思想容易偏激，甚至出现消极的行为，导致挫折。

7. 反向 一些模特内心充满焦虑或不被现实所允许的欲望和思想，却以一种截然相反的态度或行为表现出来，以掩盖自己的本来意识，这就是反向反应。例如，有的模特内心很自卑，却总是以自大傲慢的表现来遮掩自己的弱点。过分的反向方式会从根本上歪曲自我意识，导致动机与行为脱节，最后造成心理失常。

8. 世界观不稳定 稳定成熟的世界观是一个人成熟的重要标志。有些模特由于参加社会实践的机会少，对社会发展、人生意义以及职业定向、价值取向等问题的认识还存在着较多的不足，因此容易产生挫折感。

9. 挫折耐受力低 挫折耐受力的高低，主要受遗传和生理条件、挫折经验以及挫折知觉判断的影响。由于模特涉世不深，社会经验少，观察和思考问题不够全面，上述后两个条件均明显不足，所以挫折耐受力较低。

（二）挫折的积极反应

一般来说，挫折使人表现出痛苦、不安、焦虑等消极情绪。但是，积极地应对挫折也可以给人带来积极的行为反应，使心理挫折得到一定缓冲的同时，还可能表现出自信、进取的倾向，从而有助于战胜挫折。

1.认同　认同是指个人在受到挫折后通过效仿成功人士的言行、品质以及获得成功的经验和方法来改变自己的境况，以此来减少自身的挫折感，维护个人的自尊心，使自己的思想和言行更适应社会及环境的要求。通过认同，可以从榜样的身上汲取力量、勇气与信心，进而更好地战胜挫折。

2.补偿　个人的目标无法实现时，转移方向，以新的目标代替原有目标，以新的成功体验去弥补原有失败的痛苦，这就是受挫后的补偿行为反应。"失之东隅，收之桑榆"就是补偿反应的写照。例如，有的模特由于身高、身材等原因在时装舞台上没有出众的表现，就在平面拍摄上多加努力，以好的成绩补偿之前发展受限的痛苦。

3.升华　受到挫折后，将自己无法达到原定目标的消极负面情绪，以一种比较崇高的、具有创造性和建设性的、有社会价值的动机和行为来代替，这就是升华反应。升华可以转移原有认识，使心理获得平衡，同时创造了积极价值。例如，有的模特把对他人成功的嫉妒转化为奋发努力、积极进取。

4.幽默　幽默是一种对付挫折的积极行为反应。当处境困难或尴尬时，以幽默来化解，把原本困难的境况扭转过来，维护自己的心理平衡，这需要努力提升人格的成熟度和综合修养。

四、如何面对挫折

（一）改变认知

客观事实并不是导致挫折产生的主要原因，人们对客观事物所持的认知才是引起挫折的关键原因。认知决定了我们对待挫折的态度是消极还是积极。因此，改变不合理的认知，就可以提高挫折承受力。

（二）调整目标

挫折是目的行为受干扰，目标没有实现所引起的。一般目标越高，行为动力越强，成就也越高。但如果目标过高，超过个人能力限度，就会导致失败。所以，应该设置既有较大把握、又需要经过一定的努力才可实现的合理目标，或者把大目标分解为一个个可以实现的小目标，通过实现逐个小目标来增强自己的成功体验，积累自信。

（三）吸取经验

分析过去所发生的错误原因并吸取错误教训，对由于错误所产生的愤怒、仇恨、自责或悔恨等消极情绪进行积极调节。纠正错误，避免重蹈覆辙，然后要忘记错误，不必一直沉浸在痛苦里。一切着眼于未来，调整方法重新开始。

（四）自我激励

发现并记住自己的优点，对自己的优点可以罗列并记录下来。肯定自己的能力，培养兴趣，并使之成为自己的特长。有了特长，就会有展示才华的机会。这些都有助于培养个人自信心，并提高抗挫折能力。

（五）提高身体素质

不同身体素质的人对抗挫折与压力的能力是不同的，就像每个人的免疫力不同。所以，锻炼提高自己的身体素质，也可以增强抵抗挫折与压力的能力。

（六）建立和谐的人际关系

受到挫折的人都希望得到他人的帮助，来自外界的帮助和支持也是提高挫折承受力的重要因素。因此，应该多与亲人、朋友交流思想、沟通感情，沟通是重要的心理宣泄渠道，同时能够建立良好的人际关系，缓解心理压力并提高抗挫折能力。

第五节　消除自卑心理

一、什么是自卑

自卑是一种因过多地对自我的不肯定而产生的自惭形秽的情绪体验，是一种消极的自我评价或自我意识，是心理暂时失去平衡的一种心理状态。有自卑心理的人，常会认为自己或自己的境况不如别人，并常有不能自助和软弱的复杂情感。自卑心理表现为对自己缺乏正确的认识，在交往中缺乏自信，做事没胆量、畏首畏尾、缺少自己的主见，一旦遇到出现错误的事情就会联想到是自己的原因。有自卑感的人会经常轻视自己，认为无法赶上别人。自卑心理对人具有普遍的意义，虽然常常导致反复失败的结果，但也具有能驱使人发展优越的力量。自卑心理是可以通过调整认识和增强自信心而消除的。

二、模特自卑的表现

自卑感往往使一些模特对自己的能力和品质评价偏低，如在比赛失败和面试的落选时常常会引起较长时间的不良情绪反应。对待挫折，有自卑倾向的模特会把失败归因于自己的无能，因而灰心丧气、意志消沉，这种不良后果会产生消极的自我暗示，使得自卑心理更深入内心，并不断膨大，以致丧失继续发展的勇气和信心。自卑感的产生，其根源就是不能用现实的标准或尺度来衡量自己，而相信或假定自己应该达到某种标准或尺度，而且其追求大多脱离实际，因此滋生烦恼和自卑，使自己抑郁和自责。

自卑的模特经常会有以下表现：自尊心较强，渴望得到别人的重视，唯恐被人忽略，过分看重别人对自己的评价，任何负面的评价都会导致内心激烈的冲突；过于敏感，与人交往时，总是处于紧张状态，精神不能松弛下来，常会因为别人不经意的一句话，在内心引起波澜，胡乱猜疑。一些模特常会觉得自己处于弱势地位，总是体验不到自身价值，经常会遭到他人的嫌弃，这种自我价值感的丧失容易使心态失衡，长期陷入负面的心理状态；还有一些模特由于长期的压抑导致心理压力过大，情绪不稳定，当负面情绪积蓄到一定程度，受到不公正的对待时，往往容易产生过激言行。

自卑心理严重，不仅会影响身心健康，还会严重限制职业发展。所以，克服自卑心理是模特通往成功的必经之路。

三、模特产生自卑的原因

（一）缺乏自我认识

在模特面试或赛事中，经常会遇到设计师、摄影师、编导、经纪人、评委对模特进行评价，当评价较低时，就会严重影响模特对原有自己的认识，忽略自己的优势和长处，过于低估自己，放大自己的不足。还有一些模特对自我形象、身材、气质不完全认同，进入大学或经纪公司后原有的优越感降低甚至消失，并产生极强的失落感和自卑感。

（二）消极的自我暗示

有自卑心理的模特，习惯于不自觉地对自己产生暗示，在任何活动之前，常会有"我不行""我做不好"的消极自我暗示，导致不能相信自己的能力，抑制能力的正常发挥，造成活动受挫或失败。而受挫或失败似乎又验证了之前过低的自我评估，从而强化了原有片面的自我认识，进而增加了自卑感。

（三）性格原因

性格内向孤僻的人对事物的敏感性更强，对事物带来的消极后果也有放大的趋向，并且不容易将消极情绪及时宣泄和排解，因而外界因素对其心理的影响往往要比其他人更多，产生自卑的可能性也相应增大。成长经历会对人的性格产生深刻影响，心理学的研究证实，一些心理问题可在早期生活中找到症结，自卑作为一种消极的心态也是由成长经历的不良因素所致。

四、模特如何克服自卑

严重的自卑心理会影响模特的人际交往和职业发展，给个人带来极大的精神负担，所以应该学习一些方法摆脱自卑。

（一）学会善用补偿心理

补偿心理是一种心理适应机制，从心理学上看补偿其实就是一种"移位"，即为克服自己的自卑，而发展其他方面的长处、优势，通过努力奋斗，以其他成就来补偿自己无法提高的不足。补偿心理有消极和积极之分，一些模特明知自己能力不足，却制造假象、虚张声势，借以弥补自己内心的自卑，这是消极的补偿方法，是该摒弃的。而积极的补偿方法是由于自卑，清楚甚至过分地意识到自己与他人的差距，敦促自己努力学习别人的长处，弥补自己的不足，从而使其性格受到磨砺，而坚强的性格正是获取成功的心理基础。补偿心理如果运用得当，将有助于人生境界的拓展，但要注意不能追求不可能实现的补偿目标以及不要受赌气情绪的驱使。只有积极的心理补偿，才能激励自己达到更高的人生目标。

（二）正确对待失败

英国著名教授汤姆逊在总结自己工作成功的经验时，把它概括为两个字，那就是"失败"，成功是由无数次失败构成的。与其他行业相比较，模特行业的部分从业人员年龄偏低，由于知识、经验的不足，失败时往往找不到恰当的方法排解自卑感、挫折感，结果失败导致自卑，自卑又引起失败，最终出现恶性循环。要知道，在职业发展的征途上，一帆风顺是不可能的，挫折和失败是必然会发生的，对此持平常之心，就不会在心理上产生很大的波动。而摆脱自卑，关键是摆脱失败带来的沮丧、消极的情绪，唯有乐观积极的心态才是正确的选择。做到坚韧不拔，不因挫折而放弃追求，注意调整、降低原先脱离实际的"目标"，及时改变策略，可以把一个大目标分成若干个小目标来分阶段完成，用"局部成功"来激励自己，采用自我心理调适法，提高心理承受能力。此外，作为一个模特，应具有迎接失败的心理准备。世界充满了成功的机遇，也充满了失败的可能。所以要不断提高自我应付挫折与干扰的能力，调整自己，增强适应力，坚信失败乃成功之母。若每次失败之后都能有所"领悟"，把每一次失败当作成功的前奏，那么就能化消极为积极，变自卑为自信。

（三）塑造乐观性格

自卑往往会使人孤僻、内向、不合群并自我孤立，如能多参加社会交往，多从群体活动中培养自己的能力，可以丰富生活体验，抒发被压抑的情感，增进与他人间的友谊，使自己的心情变得开朗，性格变得活泼。多与乐观积极的人相处，学习他们处理问题的态度和方式，可以消除畏缩躲闪的自卑感。改变形象、行为及个性中自己不喜欢的因素，强化自己喜欢的因素，提高自我接纳的程度；做自我深入分析，通过对早期经历的回忆，分析导致自卑心理的原因，让自己明白自卑是因为过去经历而形成的，是在虚幻的基础上的，与现实情况无关，可以从根本上瓦解自卑心理，塑造乐观性格。还有一点值得注意，有自卑心理的人，往往在与人交流时内心不够泰然、稳定，眼神容易低垂、躲闪，不敢正视别人。要知道眼睛是心灵的窗户，正视别人，是积极心态的反映，是自信的象征，更是个人魅力的展示。一个人的眼神可以折射出性格，透露出情感，传递出微妙的信息。正视别人等于告诉对方："我是坦诚的，光明正大的"。

（四）积极自我暗示

人的自我暗示与行为之间有很大的关系，消极的自我暗示导致消极的行为，而积极的暗示则带来积极的行动。经常对自己进行积极的自我暗示、自我鼓励，告诉自己"我能行""别人能做好的我也一定能做好"。即使失败了，也不要气馁，不妨告诉自己"胜败乃兵家常事"。不要把注意力总是放在自己的缺点和失败上，而应将注意力转移到自己感兴趣，也最擅长的事情上去，从中获得成就感。在自我暗示的作用下，要勇于突出自己，在各种场合中、在各类面试上，要有足够的勇气和胆量敢为人先、敢上人前、敢于将自己置于众目睽睽之下、并大方从容地表现自己，久而久之，自卑也就在潜移默化中变为自信。另外，在人群中鼓励自己出现在显眼的位置，这会放大自己在他人视野中的比例，提高被关注度，通过这一方法的锻炼可以去除自卑，起到强化自己力量的作用。

（五）加强自我认识

自卑的人往往选择接受别人对自己的低评价，而不愿接受别人的高评价。在与他人比较时，也多半喜欢拿自己的短处与他人的长处相比，总感觉自己不如别人，因而产生自卑感。其实，要全面、客观、辩证地认识自己，可以将自己的兴趣、爱好和特长全部列出来，哪怕是细微的方面也不要忽略，然后再和其他同龄人分项加以比较，就会认识到其实每个人都有各自的优点和缺点，都不可能十全十美。

一个人通过自己的努力，改善不完美的自己。确立事业和人生方向，为此发奋努力，不断进步，达到力所能及的目标，最后实现人生的价值。这样的人生才是积极的、有意义的人生。

第六节　消除嫉妒心理

一、什么是嫉妒

嫉妒是指人们为竞争一定的权益，意识到自己对某种利益的占有受到威胁时产生的一种情绪体验。嫉妒心理总是与冷漠、不满、怨恨、排斥或敌视等消极情绪联系在一起，构成嫉妒心理的独特情绪。古希腊的斯多葛派认为"嫉妒是对别人幸运的一种烦恼"。嫉妒是一种非常有害的心理观察，是一种消极的心理品质，一旦产生一定要将其克服。

二、嫉妒的原因

嫉妒往往由竞争引起，只有处于同一领域的、经常接触的竞争者之间才会有嫉妒心理和嫉妒行为，人只会嫉妒与自己处于同一竞争领域的、表现比自己强的人，而不会嫉妒其他领域的人，也不会嫉妒同一竞争领域里表现比自己弱的人。嫉妒还源于优越感和卓越感，人在自己具有优越感、并被别人超越时会产生嫉妒，或当一个人认为自己在某领域是最重要的人并自认为是最强者时，内心会一直存有骄傲的情绪，而一旦出现有人不把自己当成是最重要的人时，会表现出不安、焦虑以及恐惧等情绪，伴随而来的往往是痛苦。不良的个性因素是产生嫉妒的重要原因，虚荣心过强、自私狭隘、斤斤计较等不良的性格特征都会妨碍心理的平衡，导致嫉妒的产生。另外，在自我认识上出现偏差，如认为在各个方面都要比别人强才是优秀，也是产生嫉妒的一个重要因素。

三、模特嫉妒的表现

职业的特点使得模特们经常在各种演出面试及比赛中处于竞争状态。尤其是比赛，这是大多数模特都经历过的，也算是人生中的重要经历，在比赛的过程中，选手们会不自觉地同其他选手进行比较，评价自己的水平及所处位置。一些模特很容易出现对自我评价过高、自尊心过强的现象，当看到其他选手有突出表现时就会产生一种嫉妒心理。在职场发展中，看到别人很成功，而自己却鲜为人知，想超越他人却又做不到的时候也会产生一种由羡慕、嫉妒、怨恨交织而成的复杂的情感。所以嫉妒是模特中存在较多的不良情绪。具体表现为嫉妒别人比赛的成绩、嫉妒别人面试的成功、嫉妒别人演出中的出众、嫉妒别人某一方面的专长、嫉妒别人生活上的优裕、嫉妒别人社交上的活跃、嫉妒别人形象上的出众、嫉妒别人恋爱上的成功等。有嫉妒心理的模特往往会表现为强烈的排他性，对他人的成绩和进步心怀不满、不服气，总希望别人不如自己，甚至会产生诸如中伤、怨恨、诋毁等嫉妒行为，对别人的失败和不幸则表现为幸灾乐祸，不给予对方同情和安慰。

四、模特如何克服嫉妒心理

嫉妒心理是人的一种很普遍的心理，每个人都可能会产生嫉妒心理。嫉妒心理是危险的，其后果往往也是严重的，不过通过教育的引导，可以把嫉妒心理的负面作用降到最低或消除。

当今模特行业竞争日益激烈，可以说每个模特都或轻或重地有嫉妒心理，只是有些模特易表露，有些则善于掩饰。嫉妒心理不仅会严重影响模特良好人际关系的建立，而且会对自身带来痛苦，严重者会影响自己的身心健康。但是，有嫉妒心理并非是纯粹的坏事，如果把嫉妒心理处理好了，则是一种催人积极努力进步的原动力。克服嫉妒心理的方法有如下几种。

（一）自我提高法

培根说过："一个埋头沉入自己事业的人，是没有工夫去嫉妒别人的。"积极进取，使生活充实起来，每一刻都为自己的成功储备能量。封闭、狭隘的意识会使人鼠目寸光，因此，应该不断地提高自身道德修养，不断地开阔自己的视野，充分发挥自身优势。"尺有所短，寸有所长"，每个人都有自己的优势和长处。追求一切最强既无必要，也不可能。某些方面自己不如人，但却可能在另外一些方面做得更好。所以要学会全面地认识自己，既看到自己的长处，又正视自己的差距，扬长避短，发掘自身的潜能，不断完善自己，力求改变现状，开创新局面。人生更重要的事是不断超越自己，而不是超过别人。

（二）认可他人的成功

有些模特见到他人取得了成就，便对自己加以否定，认为别人的成功对自己是威胁，其实这只不过是一种主观臆想。客观看待别人的成功，把不服气的心理引导到积极的方面上去，要明白在任何一个群体中，总会有人比较优秀，自己可以去努力地追赶，实在赶不上，也不必强求，要化嫉妒为上进的力量。一名模特，如果想要发展长远，应做到心胸广大、志向宏远，只有这样才能不患得患失，也才能化嫉妒为动力，用别人的优秀鞭策自己。

（三）消除个人主义

嫉妒是一种突出自我的表现，是个人尊重和荣誉的需要得不到满足时，内心形成的痛苦体验。在这种心理支配下，一个人会常以自我为中心，遇到任何事首先考虑到的是自己的得失，这是一种私心支撑助长起来的错误认识，是产生嫉妒心的根源。只有抛弃个人主义的思想，跳出以自我为中心的狭小天地，嫉妒才能失去存在的基础。客观地认识自我和他人，分析自身的不足，通过自己的努力进取、不断充实和完善自我才有可能达到自己的目标。

（四）错位比较法

嫉妒心理一般较多地发生于身边熟悉的、年龄相仿的、生活背景大致相同的人。每个人都是独一无二的个体，都有着别人没有的优势及缺点。因此，为消除嫉妒心理，有时可以采用一种错位的比较方法，即不仅要看到别人的优点和自己的缺点，而且也要看到自己在某些方面优于对方，如果在嫉妒时能有意识地进行选择性的对比，就会让自己充满自信，减轻烦恼，使原先失衡的心理获得新的平衡，遏制嫉妒心理的产生。

（五）自我调整法

当嫉妒心理萌发时，能够积极主动地调整自己的意识和行为，从而控制自己的动机，这就需要客观、冷静地分析自己，寻找差距和问题。学习扬长避短，寻找和开拓有利于充分发挥自身潜能的新领域，这样在一定程度上可以补偿先前没能满足的欲望，缩小与嫉妒对象的差距，从而达到减弱乃至消除嫉妒心理的目的。同时积极参与各种有益的活动，嫉妒的毒素就不容易滋生、蔓延。学会自我宣泄，出现嫉妒心理时，最好能找知心朋友、亲人倾诉，他们能帮助你阻止嫉妒朝着更深的程度发展。另外，可借助各种爱好和感兴趣的事情来宣泄和疏导，嫉妒心刚刚产生时，就要在萌芽时期立即把它消除掉，以免其继续作祟。

人生总有起伏，但随着时间的流逝，培养自己豁达的人生态度、树立正确的价值观、保持乐观的平和心态，去平静、客观地面对现实，是可以达到克服嫉妒的目标的。

第七节　如何管理情绪

本书中第二章已经介绍过情绪的基本理论，所以本部分不加以赘述，只就管理情绪对模特的作用及方法加以介绍。

一、管理情绪对模特的作用

情绪与一个人的成长和成功都有着内在的联系，对模特而言，熟悉和了解情绪的作用很有必要，下面将从三个方面来阐述情绪的功能。

（一）情绪带给模特的影响

情绪有正负之分，积极情绪是一种坚强有力、稳定且深刻的情绪状态，对人所从事的活动有一种巨大的推动力，积极健康的情绪在模特的成长过程中起到了不可替代的作用。人处于积极健康的情绪下和冷静的理智、坚强的意志下，完全能够调动自身内在的巨大潜力，形成对事业的热爱和对工作的迷恋、陶醉，这些都是模特职业发展和追求成功的必要条件。

负面情绪心理包括消极情绪心理和过度积极情绪心理，模特如果存在较为严重的负面情绪心理并长时间持续，会影响其职业发展，甚至会造成心理的疾病。许多模特都有过参加比赛的经历，在比赛中有的模特会出现不安、紧张、忧虑、害怕及恐慌的心理，不及时调整情绪就会对比赛的过程有所影响进而导致比赛的失利，甚而可能会影响以后的发展。一些模特对自身的能力和品质评价过低会产生自卑心理反应，长期的自卑情绪会影响模特本身的发展和人际关系的交往。一些刚步入行业的模特，看到周围的模特都很优秀，就会产生低落情绪，不愿与他人沟通，从而错过很多发展机会。过度积极情绪心理与消极情绪心理相反，也是对模特极为不利的，主要体现在过分地肯定自身能力、夸大自身能力、对自身能力有一种不客观的期许。长此以往会让模特变得浮躁，不利于专业发展，更会影响自己的正常生活。

（二）合理控制情绪有助于提高工作效率

心理研究表明，认识过程是产生情绪的前提与基础，对事物没有一定的认识与了解，就不可能产生相应的情绪。适当的、合理的情绪对认识过程和工作过程起到重要的推动作用与调节作用。例如，适度的情绪兴奋性对促进记忆的效果、提高解决问题的准确性会起到重要的作用。当然，不良的情绪也能够让人的知觉范围变得狭窄，思维活动变得刻板。适度的焦虑及情绪兴奋性能够使人产生更高的工作效率。在从事简单的工作任务时，情绪的压力能够提高工作效率，但是在从事复杂的工作任务时，情绪上的压力则会降低工作效率。情绪比较稳定、不容易过分激动的人在焦虑的压力之下能够提高工作效率。相反，情绪不太稳定、容易激动的人在焦虑的压力之下则会降低工作效率。

（三）控制情绪有助于促进身心健康

医学实践证明，情绪既能致病，也能治病。一个人长期受到消极情绪的困扰，就会导致焦虑、紧张、压抑或悲观，从而使自己适应环境的能力不断降低。长此以往，植物性神经系统的功能就会发生紊乱，人体对疾病的免疫力也随之降低。尤其是青年模特，心理发展还不太成熟，有的还相当脆弱，对挫折的承受能力不强，更容易患上心身性疾病。与此相反，乐观积极的情绪对人们战胜疾病有着很强的帮助作用，很多医疗事例屡见不鲜。经常笑的人能增强肺活量，促进全身的血液循环，而且还能够驱散心中的郁闷情绪，消除神经上的紧张感，使心情变得更加舒畅，胸怀变得更加宽广。

二、模特如何管理情绪

人的情绪同其他心理活动一样与神经系统有关，这就决定了人能够主动地控制和调节自己的情绪，可以用理智来驾驭情绪。管理情绪的目的在于培养模特的情绪知觉，让情绪成为模特自我实现和身心健康的积极力量。管理情绪，主要是控制消极不良的情绪。

（一）理智调控法

理智调控是指用意志和个人素养来控制或缓解消极情绪，消极情绪的产生往往是对事物缺乏正确的认识或认识的片面性而引起的，是一种意识狭窄现象，消极情感越是强烈，就越容易产生这种现象。因此，对这种消极情感更需要用理智加以调节、控制。消极情感的理智调控，首先，要面对现实，即必须承认消极情感的存在。其次，通过理智分析，弄清消极情感产生的原因。最后，要理智地考虑消极情感所引发的行为后果以及找到适当的解决方法。经过理智的调控，逐渐使消极情感趋于平复。当然，理智调控不可能是一蹴而就的，需要平时不断加强自身修养。要学会辩证地看问题，使消极的情感转化为积极的情感。另外，在现实生活和工作中，如果对自己或对他人期望太高，在难以满足需要时，也会出现失不良情绪。因此，要学会把期望值调整到适当的幅度，对人对事不苛求十全十美，就可以减少烦恼，保持良好的心境。

作为一名模特，要为自己树立人生理想，因为有理想的人精神就有寄托、有动力，且生活充实，而且为了实现理想会自觉地调整情绪，情绪自然就处于积极稳定、乐观向上的状态。还要提高思想文化修养，有思想文化修养的人一般胸襟开阔、少猜疑、不嫉妒，情绪自然能够保持在健康的状态。

（二）合理宣泄法

过分压抑会使情绪困扰加重，而适度宣泄则可以把不良情绪释放表达出来，减轻情绪反应的强度，缩短情绪体验的时间，从而使情绪得以较快地平静下来。因此，遇有不良情绪时，最简单的办法就是宣泄。例如喊，当受到不良情绪困扰时，可以找个没人的、空旷的地方无拘无束地大喊，将内心的积郁发泄出来；哭，从科学的观点看，是自我心理保护的一种防御措施，可以释放不良情绪产生的能量，调节机体的平衡，哭一场后，痛苦、悲伤的情绪就会缓解许多；说，向亲人、朋友诉说是一种良好的宣泄方法，同时还能得到安慰、启发以及解决问题的方法；动，当一个人情绪低落时，可以通过运动改变不良情绪。同时必须指出，在采取宣泄法来调节自己的不良情绪时，必须加以自制，不要随便发泄不满或者不愉快的情绪，要采取正确的方式，选择适当的场合和对象，用适当的方式排解心中的不良情绪，以免引起意想不到的不良后果。

（三）注意力转移法

注意力转移法就是把注意力从引起不良情绪反应的刺激情境转移到其他事物上去或

从事其他活动的自我调节方法。研究表明，人在消极情绪状态下，会将不愉快的信息传入大脑，形成神经系统的暂时性联系，而且越想越巩固。在情绪激动的时候，大脑皮层会出现一个强烈的兴奋灶，如果能有意识地调控大脑的兴奋与抑制过程，使兴奋灶转换为抑制平和状态，则可能保持心理上的平衡。大量事实证明，向大脑传送愉快的信息，人的情绪往往只需要几秒钟到几分钟就可以平息下来。但如果不良情绪不能及时转移，就会更加强烈。当消极情绪爆发的时候，很难对它进行调节控制，所以，必须在它尚未出现或刚出现时，立即采取措施转移注意力。例如，当消极情绪出现时，要尽量避免烦恼的刺激，可以有意识地听音乐、读小说，或看一些幽默喜剧类节目等，强迫自己转移注意力。还可以让自己想、做一些与引起消极情绪无关的事，或去一个安静平和的环境。另外，参与新的活动特别是自己感兴趣的活动，也可以达到转移注意力、增进积极情绪的目的。

（四）自我安慰法

当一个人情绪痛苦或不安，一定是因为遇到挫折或不幸，可以找出一种适合内心需要的理由安慰自己，冲淡内心的不安与痛苦。这种方法，对于帮助人们在重大的挫折面前接受现实、自我保护、避免精神崩溃是很有益处的。比如，失败时能想到"胜败乃兵家常事"、财产损失时能想到"塞翁失马，焉知非福"等来进行自我安慰，可以摆脱烦恼，缓解矛盾冲突，消除焦虑、抑郁，达到恢复情绪的安宁和稳定，并有总结经验、吸取教训、自我激励的目的。自我意识水平越高，对情绪的影响、调节与统合作用也越大。所以强化自我意识，使自身需要总是处于自我意识觉察和有效管理之下，那么情绪就不会泛滥。

（五）自我化解法

出现任何消极情绪，应该积极地从自身找到化解方法。例如，愤怒是消极情绪中最为极端的一种，化解愤怒首先要解决性急的问题，性急往往是压力的表现，也是情绪不稳定的表征。性急的人容易失去定力和理智，在生活中稍不如意都会心乱如麻，对未完成的事局促难安，还有些容易争强好胜，易愤怒。化解愤怒就学会要克制、忍耐和谦让，在遇到较强的情绪刺激时应强迫自己冷静下来，迅速分析一下事情的前因后果，尽量使自己不陷入冲动鲁莽、简单轻率的被动局面。在冷静下来后，明确冲突的主要原因是什么，解决问题的方式可能有哪些，思考有没有更好的解决方法，找出最佳的解决方式，再采取行动并逐渐积累经验。易愤怒的人平时可进行一些有针对性的训练，培养自己的忍耐性。可以结合自己的业余兴趣、爱好，选择需要静心、细致和耐心的事情做，如练字、绘画、做手工等，不仅磨炼性情，还可提高艺术修养。

第八节　克服依赖心理

一、什么是依赖心理

依赖心理是日常生活中较为常见的一种消极有害的心理。依赖分为精神依赖和物质依赖。精神依赖是指自己的价值需要依赖外界人与物来帮助证实，没有自信、意志薄弱；物质依赖是指对各种物品，包括食物、金钱等的依赖。本章内容主要讨论精神依赖。

依赖的主要特征是在自立、自信、自主方面发展不成熟，丧失自己的主动性和创造力，遇到困难束手无策，在挫折面前容易灰心丧气、意志消沉、悲观失望，遇事往往犹豫不决，很难单独计划和完成事情。马斯洛认为，充分的自主性和独立性是一个完全健康的人的特征之一。过分依赖心理，会妨碍健全人格的发展。

二、依赖的表现

依赖是对亲近与归属有过分的渴求，这种渴求是盲目的、非理性的，与真实情感无关。依赖心理严重的人宁愿放弃自己的个人趣味、人生观，只要能找到依附就心满意足了。依赖心理会造成人缺乏自主性和创造性，变得懒惰、脆弱，生活自理能力差，个人发展会受到严重制约。依赖别人，意味着放弃对自我的主宰，往往不能形成自己独立的人格。依赖心理主要表现为缺乏自信，总觉得自己能力不足，难以独立，时常祈求他人的帮助，处事优柔寡断。

存在依赖心理的人在生活中较为常见，具体有以下现象：缺少独立性，很难单独展开计划或做事；缺少主见，总是感觉很无助，依赖他人为自己做大多数的重要决定，如该选择什么特长、学校、职业，甚至是参加活动要穿一件什么衣服；感觉离开别人自己便成了一个脆弱的人，会茫然不知所措，精神极为痛苦，甚至崩溃；把别人看得比自己重要，期待着别人的安抚与赞许，会迎合别人的意愿说话、做事，以取悦对方，而将自己置于依附的地位，有时明知他人错了，仍随声附和，因为害怕被别人遗弃；过度容忍，为讨好他人甘愿做自己不愿做的事；因为丧失自我，经常感到怨恨、心中不平、内疚和不安；独处时有不适和无助感，会竭尽全力以逃避孤独；当亲密的关系中止时，会感到无助或崩溃；因未得到赞许或受到批评而轻易受到伤害。

三、依赖产生的原因

依赖产生的原因大体和以下的几个因素相关。

（一）社会因素

社会大环境和氛围下，"学而优则仕"仍旧是很多人固守的传统观念。这种观念，使得对人才考核与选择的标准单一化，一切以学习成绩为重，对人的评判也将成绩放在首要的位置，而忽略对个人独立能力和整体素质的培养，导致依赖性的产生。

（二）家庭因素

现在绝大部分家庭都是独生子女的家庭，很多家长对孩子过分溺爱，对孩子的要求有求必应。久而久之，一些孩子养成了坐享其成的生活态度，凡事只想获得好的结果，却不想艰苦努力和自我奋斗。

（三）教育失当因素

一些学校、教师为了便于管理，一味地教育学生听话和顺从，抑制了学生独立性这一品质的开发。在学生眼中，老师是非常重要的具有权威的人，为了得到老师的认可和赞许会努力做一个听话的学生，而失去了自我独立和自我思考的能力。

（四）个人原因

自立能力的缺乏会导致依赖，一些人常常意识不到自己独立面对问题和解决难题的重要性。面对社会压力不断加大，竞争也日益激烈，一些人不免对现实产生极大的恐惧，于是，不愿面对压力，丧失了斗志和基本的应对能力；一些人有较重的自卑心理，认为自己不如别人，如知识匮乏、能力不足，因此在与人交往中不自觉地把自己放在配角位置，心甘情愿地接受别人的支配。

四、如何摆脱依赖

依赖心理是一种消极的心理状态，是经过长期过程形成的，是多种因素相互作用的结果。它影响个人独立人格的完善，制约人的自主性、积极性和创造力。一个人意志应该是独立的，不依赖任何外界的力量来证明自己的价值，人最终的成功就是发现自我的独立性。依赖心理是完全可以克服的，独立发展自己并不是一件非常困难的事情。要克服依赖心理，可从以下几个方面着手。

（一）克服依赖习惯

要充分认识到依赖心理的危害，纠正平时养成的习惯，列出自己的行为中哪些是习惯性地依赖别人去做的，哪些是自作决定的。然后将这些事件按自主意识的强弱分类，对自主意识强的事件，以后遇到同类情况应坚持自己做；对于其他事件，要有意识地加强自主性，做出属于自己的选择和判断，学会独立地思考和解决问题，从而自觉减少习惯性依赖心理，由依赖转变为自主。

（二）重建自信

有依赖心理的人往往缺乏自信，而自信心是追求事业成功过程中的一种良好的心理素质。自信心往往与童年时期的经历有关，如果在童年时期经常受到批评、打击，例如"你真笨，怎么什么都不会做""瞧你笨手笨脚的，让我来帮你做"等，就会形成自我意识低下，自信心不足的心理。重建自信便是从根本上加以矫正。首先，要消除童年不良印迹，把过去被否定的事情仔细整理出来，然后一条一条加以认知重构，只要坚信"我能行"，一股新思想动力就会充实头脑并塑造自己的自信心；其次，可以选做一些略有难度的事，每周做一项，如独自一人做短途旅行或给自己制定独立日，这一日不论遇到任何事情，决不依赖他人。通过做这些事情，可以增加胆量和勇气，改变事事依赖他人的弱点。另外，要愉快地接纳自己，不要把自己的缺点当成包袱背在身上，因为这样会逐渐被自身的弱点所压垮，要看到自身的潜在能力与智慧，相信许多事情别人能做到，自己也一定能做到，要充分、客观地肯定自己。

（三）增强自立能力

常言说，温室里长不出参天大树。开放竞争的社会，每个人都要在激烈的竞争中求生存谋发展。因此，要树立自立意识，在激烈竞争中磨炼自己，勇敢地面对困难和挫折。自立意识是个体从过去自己所依赖的事物中走出来，自己决策、自己行动，并对自己的行为负责。具体可以从以下几个方面入手。

1. **建立抗压心理** 任何事情都不可能是一帆风顺的，在解决问题的过程中可能会面临各种突发而至的打击和困难，只有具有了强大的抗压能力，才能保证积极健康的心态。

2. **培养独立思考的能力** 独立思考的能力是现代人应该具备的一种基本素质，应当将依赖家庭、依赖他人的思想逐渐转变为独立型的思想，只有具备了独立思考的能力，在工作中才可能开拓创新。

3. **向自立性强的人学习** 多与自立性较强的人交往，观察并学习他们独立处理问题的方法，榜样作用可以激发自己的独立意识，改掉依赖性。

4. **培养与他人的协作能力** 独立、自主的意识并不意味着个人的单打独斗，随着社会的发展，大量的工作无法由个人独立完成，培养和他人共享、合作并相互理解的能力，具有团队合作的精神和能力越来越重要。在与他人的合作中，提出问题、讨论问题、解决问题、处理人际关系等环节，都能最大限度地彰显出思维和人格的独立。

第九节 摆脱孤独心理

一、什么是孤独感

孤独感是一种人格特征，是一种个人情绪体验，是个体对自己社会交往数量和质量的感受。有孤独感的人，一般表现为把自己真实的思想、情感、欲望掩藏起来，自我防御心理强，对别人怀有戒心；对社交缺乏兴趣，不知如何去接近他人，与别人缺乏心灵上的沟通。对于别人来说，也常常感到这样的人难以接近，于是便与之保持心理距离，久而久之，孤独者就越加孤独。

孤独感的好处是可以形成心理保护机制。孤独感是一个信号，每当人产生孤独感，就会意识到自己应该做些积极的事情来排解，这时候会主动做一些有意义的事情，寻求一种社会联络感，或者利用孤独的时间学习和提升自己。孤独感的坏处是，如果长期持续，会形成一种慢性压力，对人体的免疫系统造成破坏。

二、孤独感是怎样产生的

孤独感的产生有着多方面的原因。除了外界的因素外，更重要的是人自身主观的因素。

（一）性格原因

有些人性格比较内向，不关心外面的世界，只注意自己的感受，内心体验很深，不善于与人交往；有的人性格孤僻，如自卑、偏执、冷漠等，缺乏积极从事交往活动的勇气，无法与人相处；有的人自负、高傲，自命清高，不屑与人交流，于是便产生孤独；有的人自我心理封闭，为保护自己不愿意与人交往，与他人很难产生心理共鸣；还有的人生性多疑，顾虑重重，不轻易相信别人，自然也不会得到别人的信任。

（二）社交能力低

有些人在人际交往中曾遭遇过挫折，感情或自尊受到过伤害，又没有进行很好的自我调节，为避免"重蹈覆辙"，遂将自我封闭起来，选择了逃避人群、逃避交际，因而孤独感就随之而来。具体表现有：缺乏社交技巧，不能在与人接触时体察别人；与人交往时患得患失，常因惧怕失败而导致对社会活动的退缩与逃避；个性悲观，对他人无信心，与人交往不能坦诚相待，因而无法得到别人的理解与尊重；过分在乎自我感受，忽略别人的权益与需求，无法与他人建立亲密关系；对人缺乏同情心，不能换位思考，也不能付出爱心；缺乏集体生活的能力，既不善于接近他人，也不善于让他人了解自己。

（三）环境因素

一些人一旦改变环境，例如，为求学或工作原因远离家乡亲人，一切需要自理、自立，导致不适应新的环境，对一切感到陌生和不习惯，迟迟进入不了角色，也很难体验到归属感。离开原来的生活环境，心理会对原有人际关系及事物依恋，同时对新鲜事物拒绝、排斥甚至恐惧，这种不适应必然会引起孤独感。有些人不热衷参加集体活动，缺乏健全的社交生活，没有知心朋友，感到生活中的一切都是平淡无聊的，久而久之就形成了社交孤独；另外，如果一个人长期生活在缺乏理解与友爱的环境中，处在长期压抑之下而没有凝聚力的群体之中，也会逐渐变得沉默孤独。

总之，人类的情感满足主要来源于家庭、朋友和社会，个人的孤独程度取决于他同这几方面的关系，其中一个方面出现裂痕，人就会感到寂寞和孤独。孤独感如不及时引导，往往会淡化对工作、生活的兴趣，削弱人的进取精神。另外，孤独感还会导致人寻求消极的精神寄托和感情依赖，也会造成情绪紊乱，使人的健康受到影响。

三、如何摆脱孤独

有些模特在工作之余，不能合理地安排时间，无所事事、无所适从，觉得没人理解、没人关心，感觉孤独、寂寞。其实，只要认识到孤独产生的原因，采用用一种积极、乐观的态度去对待，就能摆脱孤独，让生活多姿多彩。

（一）加强自信

有孤独感的人，往往既渴望与人交往，又怕遭人拒绝。自信心强的人往往乐观向上，信心百倍，在与人交往上不卑不亢，乐于助人，因而也得到了他人的帮助和友谊。由此可见，要摆脱孤独，应该增强自信心，摆脱自我束缚，大胆热情地与人交往。

（二）真诚待人

大胆走出自己封闭的世界，多和他人交流。古人讲："以诚待人者，人也会以诚而应。"要摆脱孤独获得朋友，就要以诚挚、热情、信任的态度对待他人，这样你会发现自己还在这个现实的世界里，和别人同步。真诚对待朋友，经常保持联络和交流感情，需要注意的是不要等到自己感觉孤独了才想起朋友，才去向他们索取温暖，而是应该在平时就多互相关心，保持友谊。

（三）拓展兴趣

一个有着广泛兴趣的人是不会顾影自怜的，因为兴趣是推动人们活动的内在动力。兴趣总是带来快乐和满意的情感体验。共同的兴趣与爱好会让不同的人聚在一起，成为朋友。兴趣还可以丰富人的知识，开阔人的思路，陶冶人的情操，提高人的适应能力。

（四）增加社会交往

友情是一种亲密情谊的体现，与人交往，可以相互帮助，使心灵感受到充实。交友不可求全责备，因为世界上没有十全十美的人。交往时要敞开心扉，将你的思想、感情与朋友真诚地交流，有人倾听你的心声，理解你的感情，你就不会感到孤独了。交朋友要发自内心，既能与志同道合的人结为知己，又善于和个性、兴趣不同的人做朋友。学习一些人际交往方面的理论和技巧，这样更有利于建立和谐的人际关系，摆脱孤独和寂寞。

（五）积极参与集体活动

要把自己融于集体之中，积极参加各种集体活动，不要不屑一顾，如果自视甚高，感觉自己高人一等，那么你已经将自己摒弃于集体之外了。马克思说过"只有在集体中，个人才能获得全面发展"。一个人如果拒绝融入集体，一定会常常陷入孤独的。所以，积极参与各项活动，扩大自己的交往范围，从而结识新朋友，消除孤独寂寞之感。

（六）投身学习

孤独的时候，可以投身在学习中。如果一个人目标高远、有所追求，他就会积极进取，不断学习并在学习的收获中取得快慰。学习能使空虚者从中获得智慧、汲取力量，空虚的心灵不断得到充实从而情绪高涨、精神饱满。一个有所追求的人，是不怕寂寞的。青春是珍贵的，是人生的黄金阶段，所以必须珍惜并有效地运用，在这个时期留下一些有价值的、美好的回忆。多一些快乐与充实，少一些忧伤与孤独。

（七）帮助他人

某些性格偏执的人，大多不合群，在群体中就会显得孤独。要改变这种状态，可以去尝试着关心他人，为他人着想，热情帮助他人，为他人去做点什么。在帮助别人的同时，不仅能让自己充实起来，同时也会获得快乐。正如一位哲人所说："温暖别人的火，也会温暖你自己。"你的付出同样会换来别人的回报，会让你感觉自己不是一个人，有人在关心自己，孤独感就会大大减弱。

（八）打破自卑心理

有孤独感的人，既渴望友情，又担心走出自己的世界会暴露自己的缺点或遭到别人的拒绝，于是不敢同别人交往，把自己封闭起来，这是自卑心理造成的一种孤独状态。要摆脱这种孤独，就一定要冲破自卑心理，战胜自己，勇敢坦荡地与人交往，在交往过程中吸收别人的优点，改善自己的不足。

摆脱孤独还要注意以下几点：要培养自己拥有一定的志向，有志向才会有追求，才会体验到成就感；要改变懒散习惯，因为懒散让人无所事事、胡思乱想，自然会产生空虚；磨炼意志，提高战胜挫折的心理承受能力，正确对待失误和挫折，在逆境中锻炼成长；要走出虚拟世界，在现实生活中解决孤独问题。

第十节　战胜虚荣心理

一、什么是虚荣心

　　虚荣心就是以不适当的虚假方式为了取得荣誉和引起普遍注意的一种不正常的心理状态。在社会生活中，人人都有自尊心，人们都希望得到社会的承认，而虚荣心是自尊心的过分表现，是一种被扭曲了的自尊心。

　　虚荣心与自尊心不同。真正的自尊心是想通过实实在在的努力而取得别人赞赏的健康心态，而虚荣心则是通过炫耀、投机、卖弄、虚假等不恰当的手段来博取荣誉。虚荣心强的人是华而不实的人，多半为外向型性格，较善变，具有浓厚的情感反应，却缺乏真实的情感。虚荣心强的人急功近利，待人处事突出自我，浮躁不安，按捺不住寂寞，缺乏默默无闻的苦干精神，从而使自己少有作为。此外，具有强烈虚荣心的人好哗众取宠，不容易处理好人际关系。当人被虚荣心控制时，理智的力量变弱，是非观念降低，很可能做出侵犯他人利益和破坏社会规范的事。

二、模特产生虚荣心的原因

（一）错误的荣誉观

　　一些模特很珍惜自己的荣誉，但往往又不真正理解荣誉的含义，把荣誉简单地理解为得到别人的注意和赞扬，所以只要能够吸引人注意的事，不管意义如何，都想去试一试。

（二）对模特应有形象的误解

　　一些模特过分曲解职业特性，认为模特就应该享受最优越的生活，所以对物质有强烈的追求，即要求过上一种与模特身份"相称"的生活。

（三）对时尚的误解

　　一些模特误以为引领时尚的潮流就是追求奢华，只有奢侈品才能够突出自身的气质和优越性，从而陷入虚荣的误区，为了满足欲望，甚至采取不正当的手段获取。

（四）炫耀攀比心理

　　炫耀是一种内心需要被关注被肯定的表现，借以外界的羡慕来建立自信。模特的炫耀心理常是以高消费来显示自己强于他人的一种具体表现。有些模特喜欢和人攀比，总希望比其他模特显得更富有，所以追求奢侈品或前卫的消费方式来显示其地位上的优越、经济上的富有、情趣上的脱俗等。

（五）自卑心理

具有虚荣心的人大多存在自卑感，为了掩饰内心的自卑，外在表现为竭力追慕浮华。一些模特"爱面子"，认为丢面子意味着人格和尊严的丧失以及对个体能力、水平的否定，为了维护自己的面子，试图通过表面的虚荣自欺欺人。

三、怎样克服虚荣心

（一）虚荣心的表现

虚荣心理的表现是多方面的：对自己估计过高；处处炫耀自己；喜表扬，恨批评；夸耀权势，对上级竭尽奉承；不懂装懂，喜欢班门弄斧；炫耀高消费；处处争强好胜；嫉才妒能等。

（二）认识虚荣的危害

虚荣心强的人，往往思想存在自私、虚伪等因素，这与谦虚谨慎、光明磊落、不图虚名等美德是相悖的。虚荣的人为了虚名甚至不惜弄虚作假，对自己的不足想方设法遮掩，外强中干，心理负担沉重。虚荣在现实中只能满足一时，长期的虚荣会导致非健康情感因素的滋生。模特正处在进入社会的初期，虚荣的心态是十分有害的，容易在纷乱的现实生活当中迷失自己，虚荣心犹如肥皂泡，虽然亮丽、迷人，但极易破灭。

（三）提高自我认知

人贵有自知之明，要认真剖析、正确认识自己的优缺点，切莫过高评估自己，分清自尊心和虚荣心的界限。无论何时都要保持清醒的头脑，坚持走自己的路，对别人的搬弄是非、指手画脚要一笑了之，追求内心的真实的美，不通过不正当的手段来炫耀自己，就不会徒有虚名。

（四）端正价值观与人生观

受不良因素的影响，不少模特在生活、前途、人生的态度方面，过分地追求外在的虚华，这都为虚荣心的滋长提供了土壤。只有着眼于现实，认识到诚实、正直是做人最起码的要求，然后通过努力才有可能实现自己的远大理想和抱负。自我价值的实现不能脱离社会现实，要树立正确的价值观和人生观，正确理解荣誉的内涵和人格自尊的真实意义，要珍惜自己的人格，崇尚高尚的人格，只有做到自尊自重，才不至于为了一时的心理满足和虚荣，在外界的干扰下丧失人格。

（五）正确对待荣誉

树立正确的荣誉观，对荣誉、得失、面子要持有一种正确的认识和态度。人人都希望得到一定的荣誉，渴望得到他人的倾慕和尊重，但追求要把握"度"，不要刻意强求，更不要为达到目的不择手段。追求与个人的社会角色、才能相称的荣誉目标，通过努力水到渠成。如果不顾自身的实际情况，过分追求本不应属于自己的荣誉，人格就被歪曲了。

（六）正确对待舆论

虚荣心与自尊心紧密联系，自尊心又与周围的舆论密切相关。别人的议论，他人的优越条件，都不应当是影响自己进步的因素。只有脚踏实地、孜孜以求、持之以恒，足够的自信和自强，才能不被虚荣心所驱使，在学习或工作中取得令人羡慕的出色成绩，真正赢得他人的信赖和承认，也一定会切实体验到成功的喜悦和满足，并成为一个高尚的人。

（七）摆脱从众心理

从众行为既有积极的一面，也有消极的另一面。虚荣心是从众行为带来的消极作用。有些模特讲排场，重奢华，对消费方式不如自己的人进行讥讽。还有一些意志薄弱者随波逐流，不顾自己客观实际情况，打肿脸充胖子，自欺欺人，弄得经济透支，负债累累。所以要本着清醒的头脑，面对现实，实事求是，从自己的实际出发，摆脱从众心理。横向地去跟他人比较，心理永远都无法平衡，会促使虚荣心越发强烈，要跟自己的过去相比，看到自己的进步和不足。

第十一节　赶走羞怯心理

一、什么是羞怯

羞怯既指害羞，也指胆怯。达尔文曾说："羞怯是人类特有的复杂情感。"羞怯的人常常感到不好意思、难为情，担心被人嘲笑而心中不安，害怕自己的缺点暴露，会让别人看不起自己，会过多约束自己的言行，以致无法充分地表达自己的思想感情。

几乎所有的人都曾经有过羞怯感，只是有轻重差异。羞怯的人精神较为敏感，在人际交往中常常表现出脸红、说话声音低小或语句不连贯，自我感觉心跳加速，呼吸急促。严重的羞怯心理会影响人的正常交往，不利于自我发展和适应社会环境。

二、羞怯特点分析

羞怯是人际交往障碍之一，一些模特不同程度的存在这种问题，在行为、认知和情绪上具有以下几个特点。

（一）行为特点

在自己熟悉的或认为安全的环境中一般较少表现出羞怯，当周围环境发生变化或与不熟悉的人进行人际互动时，则会出现紧张不安。主要表现为逃避和退缩，甚至会一直沉默，导致无法正常交流互动。有些模特为减轻自己的不适感，会减少或避免与他人交往。

（二）认知特点

过度的自我关注，过分关注负面评价，十分在意自己的行为表现，担心他人的评价，担心失去他人的认同，有强烈的不安全感，容易焦虑。

（三）情绪特点

经常表现出紧张、不安、沮丧等消极的情绪，这些情绪常常伴随各种生理反应，如脸红、眩晕、发抖、出冷汗、呼吸急促、心跳加速等。

三、羞怯心理产生的原因

羞怯的人，往往在与人交往的过程中很难坦率地表达自己的思想感情，也很难以引起对方情感的共鸣，从而影响进一步的人际沟通。羞怯产生的原因主要有以下几个因素。

（一）与成长环境影响有关

如果在儿童、少年时期经常受到他人的训斥、责难、嘲笑或戏弄，心里会形成阴影，以后进入类似环境或新环境就会出现胆怯，遇事退缩。遇到困难，宁肯自己花费大量的时间和精力去解决，也不愿求助他人。另外，独生子女没有兄弟姐妹，如果同龄伙伴比较少或与陌生人接触的机会比较少，就会形成胆小怕事的早期经验，成年后也会惧怕在公共场合抛头露面。

（二）与性格有关

性格内向的人，在人际交往中主动性比较差，待人接物会小心谨慎，不善与人沟通，对新鲜事物怀有恐惧感和畏缩感。重视自己的言行举止，唯恐出现差池，深信"言多必失"。

（三）与自我意识有关

一些模特瞻前顾后，墨守成规，缺乏勇气和自信，没有冒险精神，过分关注自我感受，在一些陌生或重大的场合，常感到紧张、焦虑，在大庭广众之下会局促不安，手足无措。

（四）与自卑心理有关

具有羞怯心理的人羞于与他人交往，往往是因为自卑心理，对自己的信心不足。在自卑心理阴影的笼罩下，不能正确地认识和评估自己，注意力集中在自己的短处，而对自己的长处缺乏足够的认识，有自惭形秽之感。

四、怎样克服羞怯心理

（一）提高主动性

遇事多采取主动态度，胜利者比失败者所多的往往是一份勇气，大胆尝试着与人交往，主动问候别人，可以立刻缩短人际距离。同时主动地赞美别人，威廉·詹姆斯说："人性中最深切的秉志，是被人赏识的渴望。"所以，善于抓住别人的闪光点主动地赞美可以促进交往。还要主动参加各种活动，大胆展示自己的能力、才华。

（二）提高自我认知

一些模特的认知不够客观理性，对自己的要求过高或过低，如"我必须是最好的""我不可以失败""我做不到，我太笨了"等，另外经常会形成一种所有人都在关注自己的错误认识，行为表现会受到严重影响，羞怯心理也越来越严重。所以，了解羞怯带来的积极作用和消极作用，坦诚接纳自己，采取顺其自然的态度，做到不过分在意别人的眼光，而将注意力集中到正在进行的活动中，表现得会更加自然，也有助于克服羞怯心理。

（三）学会放松

学会放松技巧，通过对身体的放松来增强自我调整和自我控制。人的生理变化与心理效应紧密相关，通过反复的放松练习可以使人逐步学会有意识地控制自身的生理状态，增强适应能力。在紧张焦虑时，可以做缓慢的深呼吸，也可以通过意念放松身体紧张的肌肉，还可以想象自己在安静优美的环境中，这些都可以帮助迅速镇定下来。

（四）培养社交能力

有羞怯心理的模特，其实内心渴望与他人沟通，但是不知道如何来表达自己，应该学会一些基本的社交技巧，增强社交能力。社交能力不是天生具备的，需要不断地加强练习，要充分利用一切机会积极锻炼自己，学会同各种各样的人打交道。为了锻炼自己，可以在一些活动中寻找时机与周围的人主动攀谈。如果害怕在众人面前讲话，那么可以在家人或熟悉的朋友面前练习，然后再过渡到陌生的环境，也可以观察和模仿社交成功人士在不同情境中的言行和情绪表达。

（五）积极的自我暗示

平时可以做一些积极的心理暗示，不要总强调负面信息，养成使用积极语言的习惯，提高自己的自信心。在集体场合感到紧张时，通过积极暗示减少或消除不良的自我感受，镇静情绪、恢复冷静。比如暗示自己心情是愉悦的，那么脸上自然会浮现微笑，微笑是人际关系的润滑剂，能消除人与人之间的隔膜，是友善的表示、自信的象征，可以减少羞怯的感觉。

克服羞怯心理还要注意以下内容：对人坦率、诚恳，这样容易获得别人的信任；注重仪表，干净整洁；不为闲言碎语所左右，对于别人的评头论足、指手画脚可以置若罔闻；用知识充实自己，知识可以丰富人的底蕴、增加人的风度、提高人的气质，也是克服羞怯心理的良药；谈论别人感兴趣的事，可以迅速打破人与人之间的隔阂；做预习工作，对即将与人交流可能涉及的内容做提前准备，就能临场不惧，应对自如；培养幽默感，幽默可以让人快速松弛下来，而松弛是克服羞怯心理的关键。

第十二节　纠正自私心理

一、什么是自私

自私是一种普遍的心理现象，是一种近似本能的欲望，处于一个人的心灵深处。"自"是指自我，"私"是指利己。自私的人处处以自我为中心，只顾满足一己之私利，过分看重并片面追求自我的荣誉和利益，不顾道德规范、社会、集体及他人利益。自私心理潜藏较深，其存在与表现常常不能为个人所意识到。自私者只讲索取，不讲奉献，争名夺利，甚至损人利己。自私的人以自我为中心，脑子里只装着自己，不懂得为别人而付出。

二、自私心理的表现

自私作为一种病态社会心理，有很强的渗透性，社会上大部分人在不同程度上都存在私心杂念。自私的具体表现有以下特征：热心程度低，包括冷漠、分离和疏远等；支配欲强，包括统治、顽固和专横等；活跃度低，包括严肃、慎重和沉默等；警觉度高，包括猜疑、不信任和对抗等；独处程度高，包括谨慎，精明和有手腕等；完美主义程度高，包括吹毛求疵和控制力等；自恃程度高，善于随机应变和个人主义等；社会责任感低，往往体现出自我放纵和不守规矩等。另外贪婪、敏感、嫉妒、吝啬、虚荣、孤僻等很多不良心理都是自私的衍生。

自私的人常常不遵守规范和社会公德，如破坏公共卫生环境乱扔垃圾；不遵守公共秩序抢座位、乱穿马路；不爱护公共财物，任意挥霍、随意浪费。自私的人还往往嫉妒心强，心目中只有自己，不能容忍别人超过自己，害怕别人得到自己无法得到的名誉、物质等，自己办不到的事不希望别人能办到，自己得不到的东西，也不希望别人得到。如果别人取得了好成绩，或在任何方面超过自己，都会感到难受，于是想方设法诋毁、为难甚至伤害比他强的人。自私的人占有欲望强烈，不止在荣誉、金钱、物质方面，在情感方面也表现出专横和统治。

三、如何克服自私心理

自私是一种近乎人类本能的欲望和行为，自私心理严重不仅影响社会公德和社会规范，也影响一个社会群体的人格状态和行为规范。彻底铲除自私心理是不可能的，但大多数人在意识到自己的自私行为时会及时调整。以下几种方法有助于避免和克服自私心理，制约不合理的私欲。

（一）自我反省

依据社会公德与规范的客观标准，经常对自己的心态与行为进行自我观察、自我调整；寻找榜样，向高境界的人学习，反省自己存在的问题，并从自己自私行为的不良后果中分析危害，找到问题的症结所在，加强学习，更新观念，强化社会价值取向，总结改正错误的方式方法。如果一个人能经常观察自我、约束自我，久而久之就会建立起一种新的自我评价体系和行为体系。

（二）培养利他思想

一个想要改正自私心态的人，不妨多完成些利他行为，例如关心和帮助他人，为他人排忧解难等。可以从小事情做起，多做好事，在行为中纠正过去那些自私心态，从他人的赞许中得到利他的乐趣，使自己的灵魂得到净化。

（三）自我训练

采取一些自我惩罚的训练方法改正自私心态，例如只要意识到自己有自私的念头或行为，就可以采用一些轻微的自我惩罚，例如可用套在手腕上的一根皮筋弹击自己，或尖锐物品轻刺自己，在痛觉中意识到自私是不好的，提醒自己纠正。

（四）学会节制

凡下决心改正自私心理的人，一旦意识到自己的自私心态后，可以提醒自己"这是自私行为，是不可取的，是有害的"等，随时告诫自己，把自私心理消除在萌芽状态中。苏轼在《前赤壁赋》中写到"苟非吾之所有，虽一毫而莫取"，意为假若不属于我所有的，即使一分一毫也不去强取。

（五）加强自身的人格修养和品德修养

如果一个人心理是自私的，纵然读破万卷经书也是枉然。面对纷繁的物质世界，要有一种清醒的认识，一个人占有过多的利益和物质财富的同时，就可能意味着对他人利益的侵犯。无私是所有伟大人物取得成就的共同特性之一，自私和无私之间仅是一线之隔，越过这道线，就可以感受到舍己为人、不求任何回报的快乐喜悦。以坦然的、豁达的心态来面对利益的冲突和物质的追求，把追求人格的健全与高尚放在追求物质利益之上，那么不仅能使自己的人格、行为相对健全与高尚，也会使自己的生活相对轻松愉快。

总之，一个人要想获得快乐和幸福，就要调适自私心理，纠正不良错误心理。

第十三节　调整焦虑心理

一、什么是焦虑

焦虑是人们面临不良刺激如压力、困难或危险时出现的一种正常的情绪反应，常产生紧张、不安或恐惧性的消极情绪状态。焦虑在人的生活、学习和工作中经常会发生，从某种意义上说，是一种有益的保护性反应，因为适度的焦虑可以唤起警觉、激发斗志，对学习和工作会起到一定的促进作用，但经常过度焦虑，会使人形成焦虑特质，其特点为性格脆弱。

二、产生焦虑的原因

被焦虑所困扰的人常表现出烦躁不安、思维受阻、身体不适、失眠、食欲不振等，过度焦虑能使人失去一切情趣和希望，甚至导致心理疾病。焦虑是一种没有明确对象和内容的恐惧，引起焦虑的因素可以概括为以下几点。

（一）追求完美
在各方面力求最好，稍不如意就心烦意乱，担心出问题，惶惶不可终日，焦虑不堪。

（二）缺乏抗挫折精神
没有吃苦的思想准备，一遇到困难就会惊慌失措、怨天尤人，总希望遇事一帆风顺，但生活中充满了矛盾，也总会面临磨难。没有克服困难思想准备的人，自然会经常产生焦虑情绪。

（三）缺少环境适应性

杞人忧天，面对任何非规律性事件都会引起紧张、恐惧，例如发生地震、飓风或流行性疾病，就会认为末日降临，无处不充满危险，整日提心吊胆，时刻处于焦虑中。

（四）人际关系失调

任何人际关系方面发生的问题，无论大小，都会失去安全感，从而引发焦虑。

（五）神经质人格

心理素质不佳，对任何刺激都比较敏感，一触即发，自我防御意识过强。常常产生没有原因的莫名焦虑。

三、如何调整焦虑

焦虑是影响生活和学习的重要的不利因素，需要及时采取有效的方法去缓解，并消除这种情绪。

（一）自身建设

焦虑产生的重要原因是对自己或对事物存在着的不合理的认知。因此，消除焦虑情绪需要树立正确的观念，培养正确的认知，以合理、现实的方式来看待生活、看待人生，学会客观公正地评价自己和他人，保持平衡、稳定的心理状态。

（二）多参加实践活动

多参加各类实践活动，提高自身能力。全身心的投入，不仅可以获得实践结果的满足感，而且还能锻炼和提升各方面的能力，如沟通交流能力、心理承受能力、分享合作等能力。

（三）控制情绪

学会自我调节情绪的方法，如自我疏导、自我鼓励自我放松、换角度思考等。

（四）自我放松

学会自我放松，焦虑是与肌肉紧张相关联的。通过意念练习使自己的肌肉得以放松，如想象自己在一处自然美景中或回忆愉快的往事，躯体的放松也会令精神有所放松，焦虑则会减弱或消失。

（五）自我训练

改变生活的态度，挖掘焦虑原因，然后正视它，再训练自己努力用语言表达出来，然后进行有意识地控制。

（六）自我强化

多想想自己的优点和长处，相信自己的能力。对积极性行为进行自我鼓励或寻求他人的鼓励，有意识地进行良性暗示，这些都可以减弱焦虑。

（七）消除完美意识

每个人都追求完美，但只有相对完美，没有绝对完美，每个人都是在不断纠正不足、追求完美的过程中前进。去除追求完美心理，将极大地缓解焦虑。

（八）培养良好的人际关系

尽量减少独处，多和他人倾谈，是拥有健康的非焦虑心态的一个积极策略。

（九）转变价值观念

重新审视那些自己认为重要的事情的价值，改变对事物的不合理看法、理解、评价。客观、辩证地看待各种困难和挫折，树立现实、理性、宽容的人生哲学，学会用合理、现实的思维方式去判断和评价事物。

思考与练习

1. 自我评价的作用有哪些？
2. 请简述压力反应。
3. 模特怯场的原因有哪些？
4. 请简述模特如何克服嫉妒心理？
5. 请简述模特如何管理情绪。
6. 模特产生虚荣心的原因有哪些？

参考文献

［1］韩永昌．心理学［M］．上海：华东师范大学出版社，2001．

［2］姚本先．心理学［M］．合肥：安徽大学出版社，2003．

［3］孙时进．心理学概论［M］．上海：华东师范大学出版社，2002．

［4］徐学俊，汤舒俊，陈慧君，等．人格心理学：理论·方法·案例［M］．武汉：华中科技大学出版社，2012．

［5］李新旺．心理学［M］．北京：科学出版社，2003．

［6］朱从书，汤舒俊，朱晓伟．心理学［M］．杭州：浙江大学出版社，2015．

［7］莫雷．心理学［M］．广州：广东高等教育出版社，2000．

［8］郭黎岩．心理学［M］．南京：南京大学出版社，2002．

［9］童庆炳．艺术与人类心理［M］．北京：北京十月文艺出版社，1990．

［10］李锦云．表演心理学［M］．北京：世界图书出版社，2007．

［11］陈正俊．艺术心理学［M］．上海：上海交通大学出版社，2013．

［12］吕景云，朱丰顺．艺术心理学新论［M］．北京：文化艺术出版社，1999．

［13］杨秀君．心理素质训练［M］．上海：上海交通大学出版社，2010．

［14］赖文龙．心理素质教育［M］．广州：华南理工大学出版社，2001．

［15］郝长虹．大学生的心理素质提升［M］．武汉：湖北科学技术出版社，2014．

［16］危桃芳．大学生心理素质教育［M］．西安：西北工业大学出版社，2009．

［17］崔建华，陈秀丽，王海荣．大学生心理素质拓展教育［M］．厦门：厦门大学出版社，2009．

［18］余国新．大学生心理素质与心理健康［M］．北京：中国地质大学出版社，2007．

［19］樊富珉．大学生心理素质教程［M］．北京：北京出版社，2002．

［20］齐士龙．电影表演心理研究［M］．北京：中国电影出版社，1992．

［21］秦俊香．影视艺术心理学［M］．北京：中国广播电视出版社，2009．

［22］张卫东．基础心理学纲要［M］．北京：原子能出版社，2004．

［23］陶国富，王祥兴．大学生挫折心理［M］．上海：立信会计出版社，2006．

［24］郑洪利，鞠晓辉，金芳，等．大学生心理素质训练教程［M］．上海：上海交通大学出版社，2005．

［25］兴盛乐．决定成败的心理素质［M］．北京：企业管理出版社，2006．

［26］王敬群，邵秀巧．心理卫生学［M］．天津：南开大学出版社，2005．

［27］罗小平，黄虹．音乐心理学［M］．北京：三环出版社，1989．

［28］王志华，黄志能．自信的力量［M］．北京：中国言实出版社，2012．

［29］章晴雨，等．让心灵沐浴阳光：做你自己的心理医生［M］．北京：中国经济出版社，2005．

［30］熊璟.大学生心理健康导论［M］.广州：世界图书出版广东有限公司，2014.

［31］长征.阳光心态［M］.北京：中国纺织出版社，2016.

［32］亦帆.EQ+IQ 性格成功学［M］.北京：北京工业大学出版社，2006.

［33］贾明远，侯楚瑶.大学生就业焦虑心理成因分析及对策［J］.新西部，2017：107-109.

［34］吴黎宏.冷静也是一种领导力［J］.领导科学，2012（12），36-37.

［35］李珊珊，苗元江.积极心理学视野下爱的研究现状及展望［J］.四川文理学院学报，2014，24（5）：96-99.

［36］周颖.戏剧演出艺术中观演关系的变化与发展［D］.上海：上海戏剧学院，2009.

［37］陈宏，郑安云.从竞争与合作的心理机制出发探究如何构建人际和谐［J］.东南大学学报（哲学社会科学版），2008（10）：188-190.

［38］张海龙，苏俊鹏，李齐.大学生主观幸福感与人格特征之间的关系［J］.中国市场，2016（13）：265-266.

［39］郭琦.积极心理学视域下的大学生人格塑造问题探析［J］.赤峰学院学报（自然科学版），2017，33（7）：125-127.

［40］张东良.论大学生的人格塑造［J］.辽宁工业大学学报（社会科学版），2017，19（1）：96-98.

［41］周仁强.艺术想象的心理要素和本质规律［J］.广西师范大学学报，1894（1）：23-31.

［42］周宪.艺术心理学：当代的课题及其发展［J］.文学评论，1987（5）：22-30.

［43］罗兰.人格特征形成发展机制及其教育意蕴［J］.教育教学论坛，2017（24）：50-52.

［44］张晓柠.论演员创作角色的心理过程［J］.北方文学，2011（10）：68.

［45］谷雪.浅析表演心理学在舞蹈表演中的运用［J］.艺术科技，2015（3）：118.

［46］侯珏.如何运用舞蹈表演心理学理论指导舞蹈表演实践——评《舞蹈表演心理学》［J］.中国教育学刊，2015（2）.

［47］闫乃珍.试述表演心理学与音乐关系［J］.艺术科技，2016（7）：193.

［48］杨立昊，赫思思.舞蹈艺术中的心理学现象［J］.佳木斯职业学院学报，2016（9）：250.

［49］刘斌.音乐心理学在音乐学研究中的作用［J］.黄河之声，2017（20）：96-97.

［50］杨民.艺术表演时怯场问题探究［J］.学周刊，2014（10）：236.

［51］冀丽娜.浅谈怯场对舞台表演的影响［J］.民族音乐，2012（5）：102-105.

［52］舒跃育.作为意志论的冯特心理学体系［J］.西南民族大学学报，2017（11）：211-217.

［53］冉楠楠.表演艺术中肢体语言的探索与构建［J］.沈阳音乐学院学报，2014（4）：229-231.